工业机器视觉技术及应用

刘秀平　景军锋　张凯兵　编著

西安电子科技大学出版社

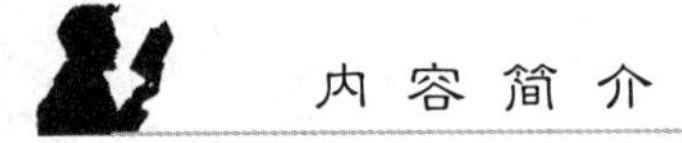

内容简介

机器视觉是目标检测、感知和理解的关键技术之一，在智能制造业中应用广泛，如产品检测、目标跟踪、定位、导航等方面均有应用。机器视觉涉及知识面广且多学科交叉，不仅包括自动化相关知识和计算机程序设计知识，而且还包括光学、电子、人工智能等知识。

本书从工业用光照系统、工业用相机、相机接口、程序设计、视觉处理软件库等多角度阐述了机器视觉的关键技术，通过 C# 语言由浅入深、由简到繁逐步实现了工业相机连接、捕获、检测等功能，为机器视觉的应用提供了必要的入门基础。

本书既适用于自动化专业、计算机专业的高年级学生，也可作为智能制造应用学习者的参考资料。

图书在版编目(CIP)数据

工业机器视觉技术及应用 / 刘秀平，景军锋，张凯兵编著. —西安：西安电子科技大学出版社，2019.6(2020.4 重印)
ISBN 978-7-5606-5145-3

Ⅰ. ①工…　Ⅱ. ①刘…　②景…　③张…　Ⅲ. ①工业机器人—机器人视觉—研究
Ⅳ. ①TP242.2

中国版本图书馆 CIP 数据核字(2018)第 239749 号

策划编辑　刘玉芳
责任编辑　万晶晶
出版发行　西安电子科技大学出版社(西安市太白南路 2 号)
电　　话　(029)88202421　88201467　　邮　　编　710071
网　　址　www.xduph.com　　电子邮箱　xdupfxb001@163.com
经　　销　新华书店
印刷单位　陕西精工印务有限公司
版　　次　2019 年 6 月第 1 版　2022 年 4 月第 3 次印刷
开　　本　787 毫米×1092 毫米　1/16　印　张　13.5
字　　数　319 千字
印　　数　3001～6000 册
定　　价　35.00 元
ISBN 978-7-5606-5145-3 / TP
XDUP　5447001-3

前言

"中国制造 2025"是国家战略规划，是中国在世界的新标签。"中国制造 2025"面临的重大挑战是实践人才不足、高技能人才缺乏等问题。在新一轮科技革命与产业变革的战略行动中，以新技术、新产业、新业态和新模式为特征的新经济呼唤"新工科"。新工科更强调学科的实用性、交叉性与综合性，尤其注重信息通信、电子控制、软件设计等新技术与传统工业技术的紧密结合。本书介绍了测量控制的视觉检测、光源的光学特性、面向对象软件设计等相关技术及其应用。最后通过实例由简到繁介绍了相机连接、提取图像、长度测量、形状测量等应用，目的是让学生掌握综合性较强、应用广泛的机器视觉基本使用方法，为高级开发打好基础。

本书的出版得到了西安工程大学校级教材规划的资助，作者在此谨表谢意，另外在本书的写作过程中，作者得到了许多学者的支持和帮助，他们是西安工程大学机器视觉技术与应用研究所所长景军锋教授、张凯兵教授，机器人与智能装备技术研究所所长王晓华教授、李珣副教授、张宏伟博士，实验室陈小改老师等，在此作者一并表示由衷的感谢。最后感谢西安电子科技大学出版社的领导和编辑，是他们的辛勤工作使得本书得以正式出版。

由于作者水平有限，因此书中难免存在缺点和错误，衷心地期待读者的批评指正。

西安工程大学

刘 秀 平

2019 年 3 月

目 录 CONTENTS

第一章 绪 论

德国“工业 4.0”、美国“工业互联网”、“中国制造 2025”等各国强国战略，已经得到科研机构和产业界的广泛认同[1]。各国战略表述有所不同，其核心目的都是提升本国制造业的智能化水平。对于我国来说，制造业的智能化之路还需要相当长一段时间。制造业本身普遍存在创新能力不强、核心技术薄弱、智能化水平低等瓶颈问题，面临着招工难、市场竞争激烈等外在压力，使得传统工业必须迎接改变模式、产业链重组、工业转型等一系列革命性的挑战。

智能制造是“中国制造 2025”的突破口和主攻方向。智能制造包括产品智能化、生产过程智能化和管理服务智能化三个层面。机器视觉将是智能化的下一个前沿领域。机器视觉技术已成功应用于工业机器人，并成为其一项核心技术，且机器视觉技术在工业制造、无人机、自动驾驶、智能医生、智能安防等应用领域中不断突破。随着我国制造业转型升级，机器视觉产品在制造行业的应用将带来新的增长点[2]。

机器视觉技术是利用电子信息技术来模拟人的视觉功能，从客观事物的图像中提取信息和感知理解，并用于检测、测量和控制等领域的一项技术。机器视觉有着比人眼更高的分辨精度和速度，且不存在人眼疲劳问题[3]。

机器视觉技术是一项综合技术，其中包括光源照明技术、光学成像技术、传感器技术、数字图像处理技术、模拟与数字视频技术、计算机软硬件技术、控制技术、人机接口技术、机械工程技术等[4]。

机器视觉技术具有节省时间、降低生产成本、优化物流过程、缩短机器停工期、提高生产率和产品质量、减轻测试及检测人员劳动强度、减少不合格产品数量、提高机器利用率等优势，另外，机器视觉强调实用性、实时性、高速度、高精度、高性价比、通用性、鲁棒性、安全性，能适应工业现场恶劣的环境[5]。

机器视觉可用来保证产品质量、控制生产流程、感知环境等，在工业检测、机器人视觉、农产品分选、医学、机器人导航、军事、航天、气象、天文、公安、安全等方面应用广泛，几乎覆盖国民经济的各个行业。

1. 机器视觉技术在电子半导体行业中的应用

电子行业属于劳动密集型行业，需要大量人员完成检测工作，而随着半导体工业大规模集成电路日益普及，制造业对产量和质量的要求日益提高，在需要减少生产力成本的前提下，机器视觉技术扮演着不可或缺的角色。机器视觉技术在电子半导体行业中的应用案例有[6]：

(1) 对 IC 表面字符的识别及管脚数目的检测、长短脚的判别和管脚间距离的检测。

(2) 高速贴片机上对电子元件的快速定位。

(3) 精密电子元件上微小异物和缺陷的检测，晶片单品合格与否的判定。

2. 机器视觉技术在汽车制造业中的应用

随着汽车制造工艺的日益复杂，汽车制造商对零部件的质量提出了更高要求，面对市场竞争和客户高标准的要求，制造商和零部件供应商必须借助高效可靠的检测手段来避免不合格零部件的产生，其中机器视觉系统是最值得关注的方法。在汽车电子产品的接插件生产过程中，生产效率和成品尺寸精度都有较高要求，机器视觉系统能够实施 24 小时在线检测[7]。机器视觉在汽车制造业中的应用案例有：

(1) 汽车总装和零部件检测，包括零部件尺寸、外观、形状的检测；总成部件错漏装、方向、位置的检测；读码、型号、生产日期的检测；总装配合机器人焊接导向和质量的检测；轴承生产中对滚珠数量的计数、滚珠间隙的检测和滚珠及内外圈破损的检查；轴承密封圈的生产中对焊接的光洁度和有否凹陷、裂缝、膨胀及不规则颜色的检测；电气性能和功能检测。

(2) 汽车仪表盘检测，包括仪表盘指针角度检测和指示灯颜色检测等。

(3) 发动机检测，如机加工位置、形状和尺寸大小检测；活塞标记方向和型号检测；曲轴连杆、字符、型号检测；缸体缸盖读码、字符、型号检测等。

3. 机器视觉技术在流水线生产中的应用

机器视觉在各类流水线生产中有着巨大的市场[8]，流水线生产的应用案例有：

(1) 瓶装啤酒生产流水线检测系统：可以检测啤酒是否达到标准容量、标签是否完整。

(2) 螺纹钢外形轮廓尺寸的探测系统：以频闪光作为照明光源，利用面阵和线阵 CCD 作为螺纹钢外形轮廓尺寸的探测器件，实现热轧螺纹钢几何参数的在线动态检测。

(3) 轴承实时监控系统：实时监控轴承的负载和温度变化，消除过载和过热危险。

(4) 金属表面的裂纹检测系统：用微波作为信号源，测量金属表面的裂纹，是一种常用的无损检测技术[9]。

(5) 医药包装检测系统：包装袋表面条码读取和生产日期的检测；药片的外形及其包装情况的检查；胶囊生产的壁厚和外观检查。

(6) 零部件测量系统：应用于长度测量、角度测量、面积测量等方面。

机器视觉技术的出现极大地提高了生产质量，将企业从劳动依赖中解放出来，实现自动生产、检测，在降低劳动成本、应对市场竞争、提高效率等方面起到积极的推动作用。随着行业特点的不断挖掘，各行各业对于机器视觉技术的需求不断增加，这意味着机器视觉技术具有非常好的市场前景[10]。

第二章　机器视觉系统

2.1　机器视觉系统的组成

机器(Machine)是指由各种金属和非金属部件组成的装置。光作用于视觉器官，使其感受细胞兴奋，然后经神经系统加工后便产生视觉(Vision)。视觉中的“视”指光源、镜头、相机、图像采集卡等硬件系统，“觉”则指感知、分析、理解等软件。机器视觉(Machine Vision)是一个系统的概念，是人工智能的一个分支，是集现代先进控制技术、计算机技术、传感器技术于一体的光机电技术。

机器视觉系统是基于机器视觉技术为机器或自动化生产线建立的一套系统。一个典型的工业机器视觉应用系统包括光照系统、光学系统、图像捕捉系统、图像数字化模块、数字图像处理模块、智能判断决策模块和机械执行模块等。

常用的机器视觉系统中包括光照系统、数字摄像机、图像内存、机器视觉软件等部件，其中数字摄像机包括图像采集卡、图像传感器、镜头及图像数据等部分，如图 2-1 所示。

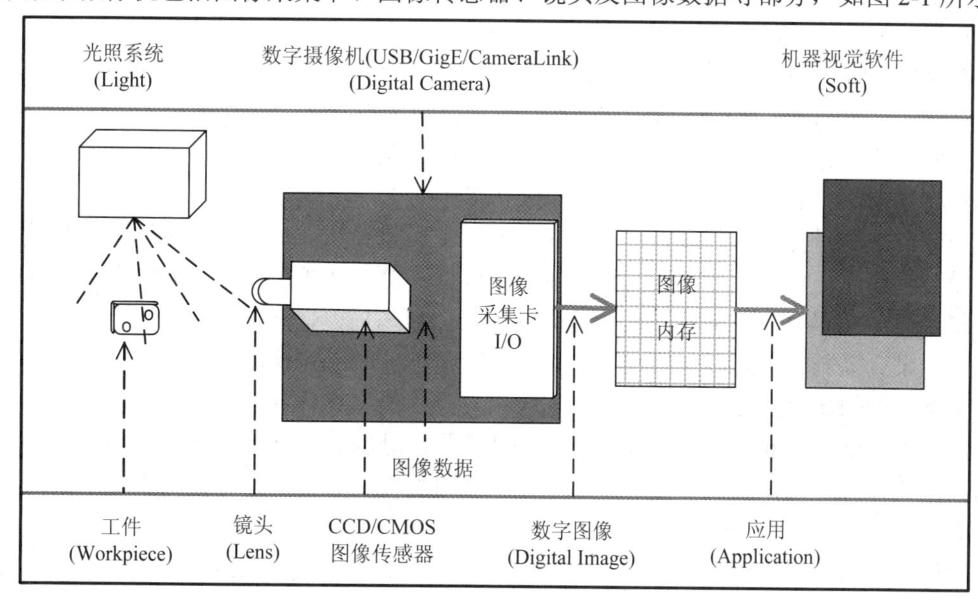

图 2-1　机器视觉系统组成

光照系统用于提供稳定良好的光照环境，使得被检测物体的基本特征能够被识别。

镜头是为了能够把物体清晰的图像呈现出来。数字摄像机是把图像信息处理成可被识别的信息。

根据应用需求不同，机器视觉系统的组成有所差异，以工业机器人应用中的机器视觉定位系统为例，机器视觉定位系统主要由图像获取、摄像机标定及获取目标点坐标三部分组成[11]。

1. 图像获取

机器视觉定位系统大多以千兆网接口的CCD相机为主，将CCD相连并设置相应参数，便可获得图像。

2. 摄像机标定

通过空间物体表面某点的三维几何位置与其图像中对应点之间的相互关系，建立摄像机成像的几何模型，这些几何模型参数就是摄像机参数，用于标定摄像机[12]。

3. 获取目标点坐标

为了获取目标物在机器人坐标系下的坐标，必须建立相机坐标系、机器人坐标系、图像坐标系三者关系，在此基础上，只要通过视觉检测出目标物，即可获取到目标物的位置。

2.2　机器视觉系统的分类

按照用途，机器视觉系统可分为机器视觉检测、测量、定位、识别系统[13]。机器视觉检测系统分为高精度定量检测(如显微照片的细胞分类、机械零部件的尺寸和位置测量)和不用量器的定性或半定量检测(如产品的外观检查、装配线上的零部件识别定位、缺陷性检测与装配完全性检测)。机器视觉定位系统常用于指引机器人在大范围内的操作和行动(如从料斗送出的杂乱工件堆中拣取工件并按一定的方位放在传输带或其他设备上)。机器视觉检测系统在某种意义上包含机器视觉测量系统和机器视觉识别系统。

机器视觉系统的研究方法分为自底向上和自上而下的研究方法。

自底向上的研究方法注重研究视觉的机制，主要以灵长类动物的视觉机制研究成果为基础设计机器视觉算法，如对视觉机制进行建模。其优点在于能直接利用视觉机制的研究成果得到简单、有效的视觉算法，并且能直接推广到多种视觉问题上。其缺点是许多视觉机制的成果对机制的研究不完善或不全面，不利于直接应用到具体问题上，效果欠佳。

自上而下的研究方法以解决具体问题为出发点，根据具体问题设计相应的算法。其主要优点是能根据具体问题设计有效的算法。其不足之处在于这些方法依赖于待解决的具体问题，不具有普适性，难以直接推广。现在工业机器视觉系统的应用以自上而下的研究方法为主。

按照机器视觉系统使用的处理器可分为基于PC的机器视觉系统和嵌入式的机器视觉系统[14]。基于PC的视觉系统是通过摄像机采集数据，将数据传输给PC进行视觉信息处理，它利用了PC的开放性、高度的编程灵活性和良好的Windows界面，系统总体成本较低，而且系统可接多个摄像机，能满足特殊场合的集成应用需求。基于PC的视觉系统可以实现复杂结构及功能、多路并行处理的需求。嵌入式的机器视觉系统是一种将图像采集、处理和通信功能集成于单一相机内的多功能、模块化、高可靠性的智能系统[15]。这种高度集成化的微小型机器视觉系统，提供了一种具有成本低、简单易用、结构紧凑等优点的机器视觉解决方案。越来越多的相机和板卡制造商都在开发嵌入式的机器视觉系统。FPGA作为一种高性能的可编程逻辑器件，可以通过编程方便地修改其内部的逻辑功能，从而实现高速的机器并行运算，是高性能嵌入式机器视觉系统的最佳解决方案。基于 FPGA 的嵌入式视觉系统的功耗远远低于基于通用 CPU 和 GPU 的机器视觉系统，将成为机器视觉系统的重要发展方向。从机器视觉技术的发展方向来看，嵌入式机器视觉系统将成为主流。另外，更开放的视觉系统与其他自动化系统的深度集成，逐步向传统制造业应用领域扩展也是机器视觉技术发展的方向之一。

第三章　工业用光照系统

在工业机器视觉系统中，光照系统是影响机器视觉质量的重要因素，它将直接影响到视觉系统所获取图像的品质及系统性能。不同的工业视觉检测需求，对光源的要求亦不同。光照系统的主要作用是使被测物体与背景显现出尽可能明显的区分，以便获得高品质、高对比度的图像。光源在机器视觉系统中是不可或缺的一部分，它的选择会直接影响视觉分析和理解的效果。

3.1　工业用光源的分类

光源用于照亮目标，提高亮度，形成有利于图像处理的效果，也用于克服环境光照影响，保证图像的稳定性。

首先了解一下与光源相关的几个概念：镜面反射是指平行光线照射到平滑表面，反射光平行射出。漫反射是指平行光线射到粗糙平面，反射光线会射向各个方向。发散反射是指表面既有纹理又有平滑面时，对光线进行的反射。图 3-1 中给出了这几种反射方式的不同。

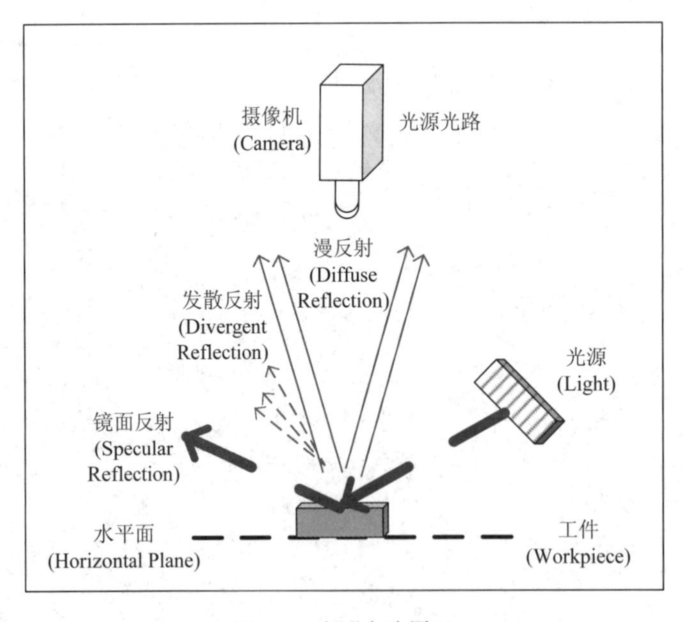

图 3-1　光源光路原理

在机器视觉照明系统中，照明方式可分为明场照明和暗场照明[16]。明场是指光线反射进入相机的光场区域，暗场是指光线反射未能进入相机的光场区域(如图 3-2 所示)。当光源放置在“W”状的明场区域照明，则为明场照明。通常为了获得良好的明场照明效果，应将光源放置于相机透镜视野的 2 倍处。明场照明的特点是能够形成高的对比度，而反光表面会生成反射(如图 3-3 所示)。暗场照明的光源是放置在“W”之外的暗场中，则光线是漫射光被反射后而进入相机，镜面反射光线被反射离开[17]。

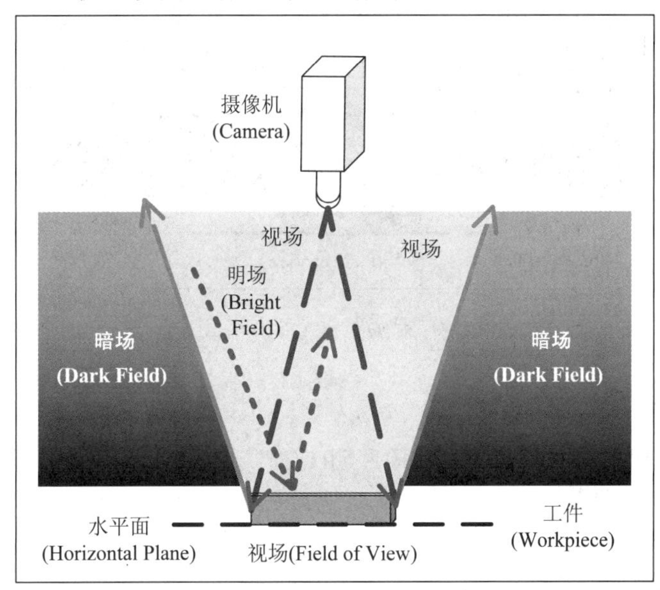

图 3-2　明场和暗场

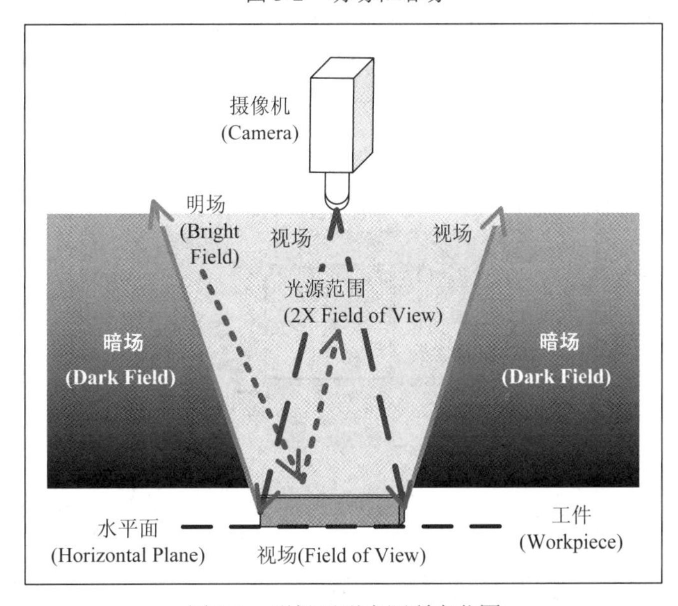

图 3-3　明场照明光源所在范围

暗场照明是漫射光被反射进入照相机，但镜面反射光线被反射离开，如图 3-4 所示。暗场照明的光源在“W”之外。除有纹理的表面和凸凹变换的表面外，光线被反射但不会进入相机。

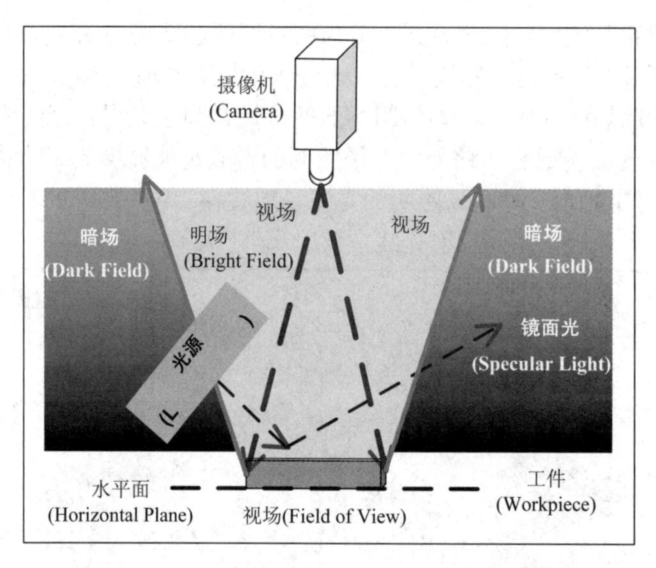

图 3-4　暗场照明光源所在范围

3.1.1　照射方式

照明系统按其照射方式可分为：背向照明(透射式照明)、前向照明(反射式照明)、结构光照明和频闪光照明等[18]。

1. 背向照明

背向照明是被测物放在光源和相机之间，如图 3-5 所示。光源置于物体的后面，可突出不透明物体的阴影或观察透明物体的内部，获得高对比度的图像，还可将被测物的边缘轮廓清晰地勾勒出来。该照射方法多用于精密测量系统，如工件的尺寸测量。

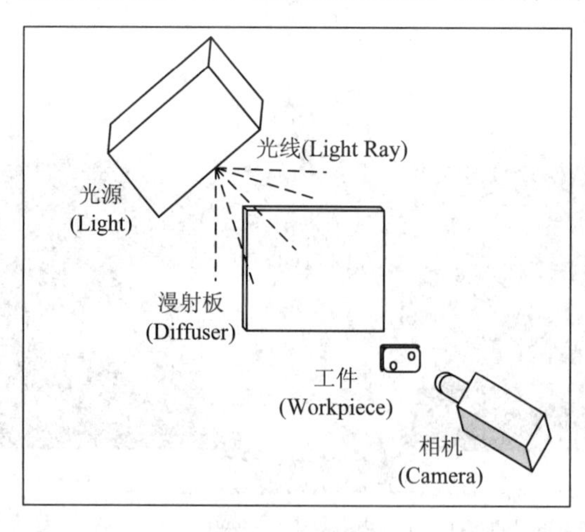

图 3-5　背向照明

2. 前向照明

前向照明是光源和相机放置于被测物的同侧，如图 3-6 所示。在实际应用中绝大部分都采用前向照明方式，比如条形光源、同轴光源、环形光源、圆顶光源、线光源等。前向照明又分为高角度照明(75 度以上)和低角度照明(25 度以下)，其区别在于光源发射光线与被测物待测表面的夹角大小的不同。应根据被测物背景部分机理的不同而决定使用“高角度”或“低角度”照明。前向照明安装方便，但不易达到很高的对比度。

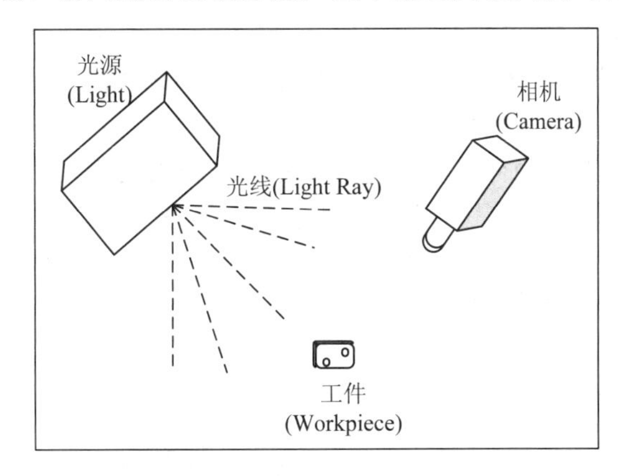

图 3-6　前向照明

3. 结构光照明

结构光照明是通过特定手段使光源发出的光束具有某种形状，并投射到被测物上，根据产生的畸变解调出被测物的三维信息[19]，如图 3-7 所示。实现结构光照明的方法很多，如使用光圈和透镜，或者相干光(激光)。结构光照明的应用比较广泛，主要是针对复杂被测对象或特定目标，如为减小复杂性而只将光投射到感兴趣的物体表面，或者利用二维视觉系统来提取物体三维信息。利用结构光提取物体三维信息具有很大的应用价值，其原理是基于光学的三角法测量原理。

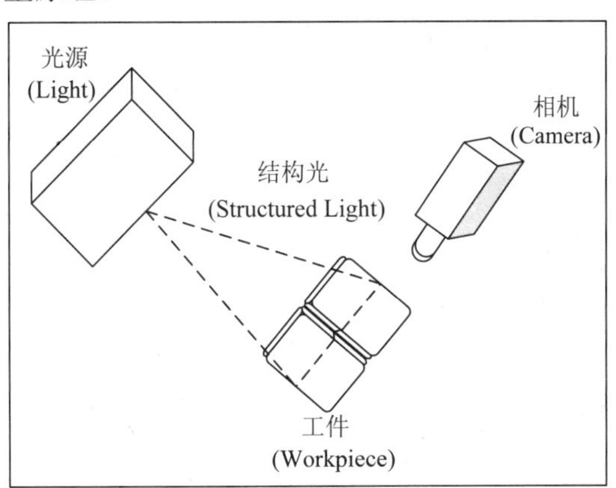

图 3-7　结构光照明

光学投射器(如激光器或投影仪)将一定模式的结构光投射于物体表面，形成了由被测物体表面形状所调制的光条三维图像。摄像机摄取三维图像，从而获得光条二维畸变图像。光条的畸变程度取决于光学投射器与摄像机之间的相对位置和物体表面形廓。沿光条显示出的位移(或偏移)与物体的高度成比例，光条扭结表示了平面的变化，光条不连续显示了表面的物理间隙。当光学投射器与摄像机之间的相对位置一定时，由畸变的二维光条图像坐标便可重现物体表面的三维形廓。由光学投射器、摄像机和计算机系统构成了结构光三维视觉系统。

根据光学投射器投射的光束模式不同，结构光模式分为点结构光模式、线结构光模式、多线结构光模式、面结构光模式、相位光模式等。

点结构光模式是激光器发出的光束投射到物体上产生一个光点，经过摄像机镜头成像后，光点在摄像机的像平面上形成一个二维点。摄像机的视线和光束在空间相交于光点处，形成三角几何关系，如图 3-8 所示。通过标定可以得到三角几何约束关系，并由其可以唯一确定光点在某一已知世界坐标系中的空间位置。点结构光模式通过逐点扫描物体来进行测量，随着被测物体的增大，图像摄取和处理时间急剧增加。

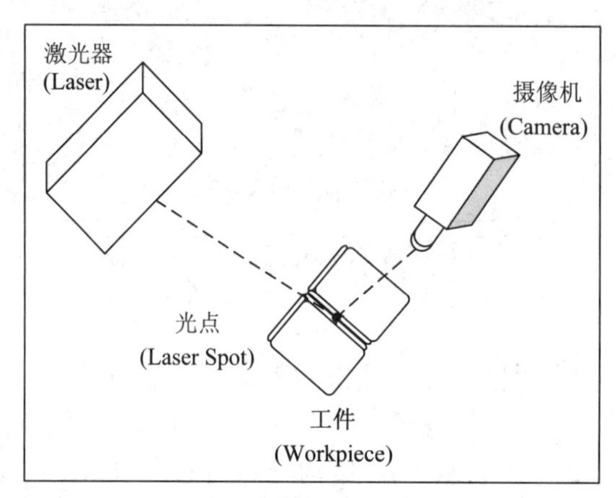

图 3-8　点结构光模式

线结构光模式是向被测对象投射一条光束，光条由被测对象表面深度的变化及间隙而受到调制，如图 3-9 所示。光条的变化主要有光条畸变和不连续，畸变程度与物体表面的深度成正比，不连续则表明物体表面有物理间隙。线结构光模式是点结构模式的扩展。通过相机光心的视线束与激光平面在被测物体相交，产生众多光点，因而，形成了点结构模式中相似的三角几何约束。显然，线结构光模式的测量信息量增大，而硬件实现复杂度并没有增加，因此被广泛应用。

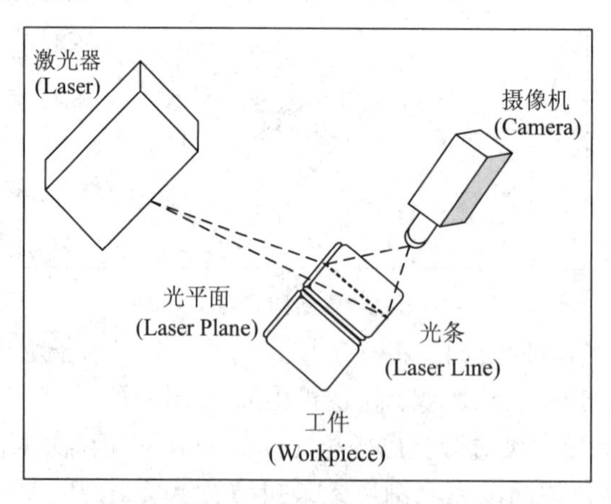

图 3-9　线结构光模式

多线结构光模式(又称为光栅结构模式)是线结构光模式的扩展。由光学投射器向被测对象表面投射多条光束，以获得被测物体表面更大范围的深度信息，如图 3-10 所示。采用多条光条的优势在于，一方面能够在一幅图像中处理多条光条，提高图像处理效率；另一方面，被测物体表面的多光条覆盖可以获得更多信息量。多光条可以用投影仪投影产生，也可以利用激光器扫描产生。多线结构光模式的效率和信息量极大地增加，引入了标定复杂性和光条识别问题。

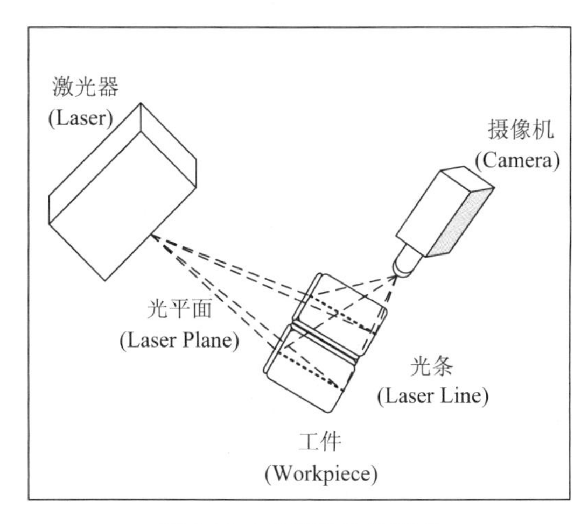

图 3-10　多线结构光模式

面结构光模式是将二维的结构光图案投射到物体表面上。采用面结构光时，不需要进行扫描就可实现三维轮廓测量，测量速度快，如图 3-11 所示。当结构光图案比较复杂时，为了确定物体表面点与其图像像素点之间的对应关系，需要对投射的图案进行编码，因此，这类方法又称为编码结构光测量法。图案编码分为空域编码和时域编码。空域编码只需一次投射即可获得物体深度图，适合于动态测量，但分辨率和处理速度还无法满足实时三维测量要求，而且对于译码要求较高。时域编码需要多个不同的投射编码图案组合编码，这样容易实现解码。常用的编码方法有二进制编码、随机图案编码、彩色编码、灰色编码、邻域编码、相位编码及混合编码等[20]。

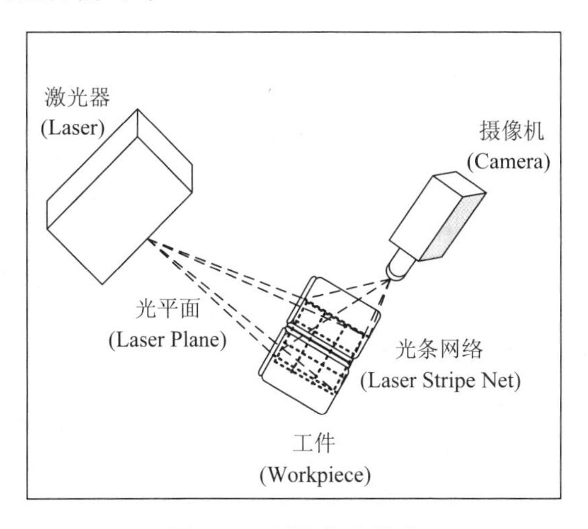

图 3-11　面结构光模式

相位光模式是将光栅图案投射到被测对象表面，受被测对象曲面调制，光栅条纹发生形变，对采集到的变形条纹进行解调便可以得到包含高度信息的相位变换，根据三角法原理计算出高度，如图 3-12 所示。变形条纹可理解为相位和振幅均被调制的空间载波信号[21]。基于相位测量的三维轮廓技术理论也是光学三角法，但相位法并不直接寻找和判断由于物体高度变动后的像点，而是通过相位测量间接实现。

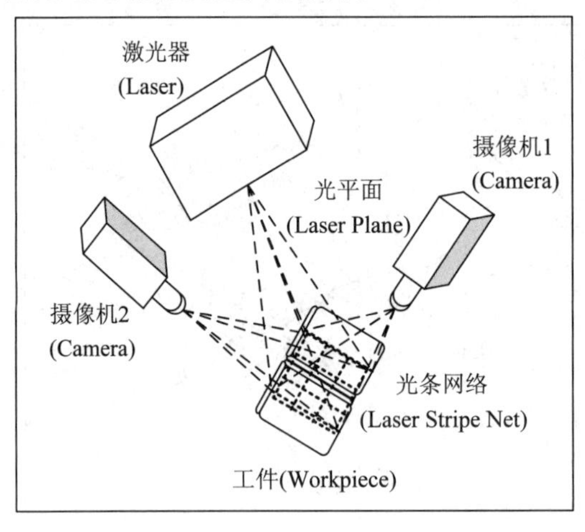

图 3-12　相位光模式

4．频闪光照明

频闪光照明是用高频率的光脉冲照射物体。使用频闪光照明时，要求相机的扫描速度与光源的频闪速度同步。目前频闪照明方式一般都用光源的控制器控制光源达到频闪的功能，频闪的工作方式可以大大提高光源的亮度和寿命，几乎所有的 LED 光源都可以使用频闪照明方式。

3.1.2　光源形状

光源的形状有：条形光源、环形光源、背光源、AOI 专用光源、同轴光源、圆顶光源及组合光源。

1．条形光源

条形光源是由高密度直插式 LED 阵列组成的，其长度范围从十几毫米到几米，其照射角度和安装位置可随意调节，光源颜色可根据需求来搭配，如图 3-13 所示。条形光源适合于大幅面尺寸检测或较大方形结构被测物体的检测，行业应用广泛，如线阵相机照明、大尺寸面板缺陷检测、金属表面缺陷检测、印刷字符缺陷检测、连接器引脚平整度检测、表面裂缝检测、边缘缺陷检测、包装破损检测、膨胀胶片破损检测、遮蔽胶带破损检测、液晶元件检查、LCD 面板破损检测及图像扫描等[22]。

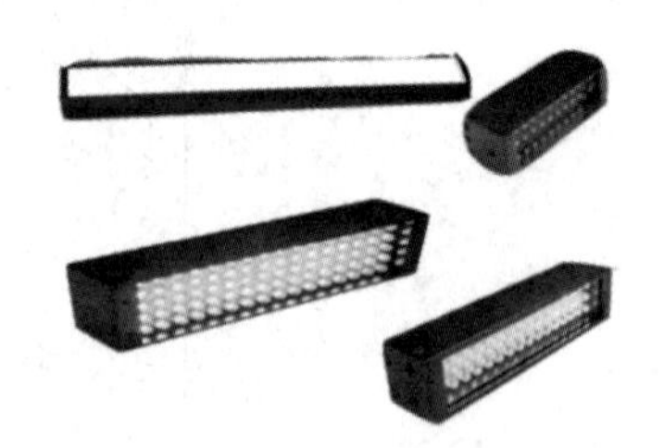

图 3-13　条形光源

条形光源有普通条形光源、高均匀条形光源、条形组合光源等。尤其高均匀条形光源和条形组合光源有着独特的优势。高均匀条形光源由具有高亮度、高散射、均匀性好的高密度贴片 LED 组成。该类光源的优势在于安装简单、角度可调、尺寸设计灵活、颜色多样、多类型排布，广泛应用于非标产品设计。其应用领域有电子元件识别与检测、服装纺织、印刷品质量检测、家用电器外壳检测、圆柱体表面缺陷检测、食品包装检测、灯箱照明等。条形组合光源是根据被测对象要求，调整所需照明形式的一种光源，广泛应用于标签检测、PCB 基板检测、IC 元件检测、显微镜照明、包装条码照明、二次元影像测量等领域。

2. 环形光源

环形光源是由呈圆锥状的 LED 阵列构成的，发出的光线以斜角照射在被测物体表面，通过漫反射的方式照亮特定区域，如图 3-14 所示。这种光源的工作距离在 10～15 mm 时，可以突出显示被测物体边缘和高度的变化，突出原本难以看清的部分，常用于边缘检测、金属表面的刻字和损伤检测等，如图 3-14 所示。环形光源是高亮度、高密度的 LED 阵列，根据需要可采用不同颜色和不同照射角度进行组合，且环形光源的光线均匀扩散，可以用漫射板(Diffuser)来导光，从而有效地解决对角照射阴影问题[23]。环形光源的应用领域有 IC 元件、塑胶容器、PCB 基板的检测以及液晶校正和显微镜照明等。

图 3-14　环形光源

直射型环形光源是采用高密度 LED 阵列置于伞状结构中，在照明光源中央区域产生集中的强光，同时利用柔性板可以做出各种适用于被测物体的光源。

圆锥型环形光源是指以一定角度照射被测物体，从而产生不同的光照效果。根据光线与水平面的照射夹角不同，可分为有 0°照射(图 3-15 所示)、30°照射(图 3-16 所示)、90°照射(图 3-17 所示)等。

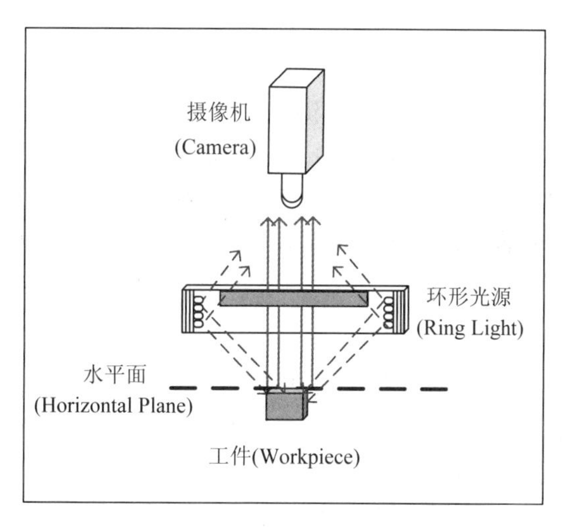

图 3-15　0°圆锥型环形光源

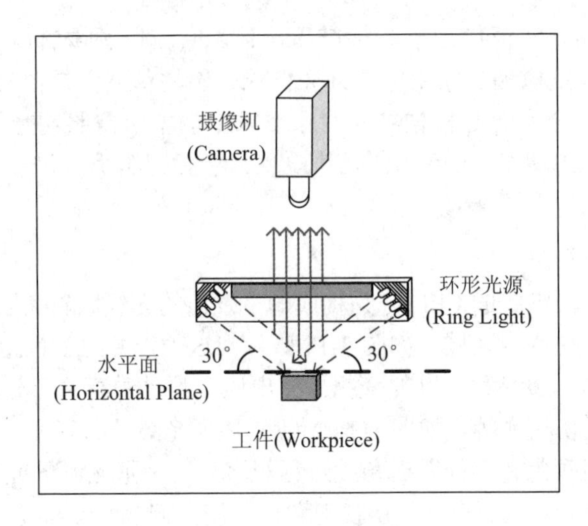

图 3-16　30°圆锥型环形光源

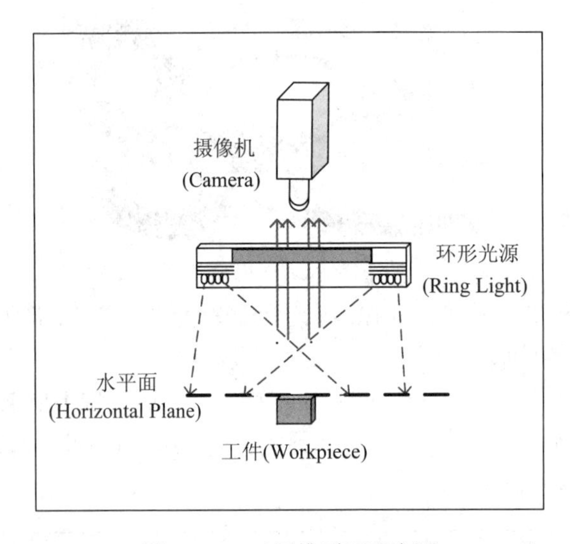

图 3-17　90°圆锥型环形光源

90° 圆锥型环形光源是垂直照射在被测物体表面的，从而能够更好地解决物体图像对比度不明显的问题，主要应用于监测 BAG 焊点、芯片中的 SOP 管脚等。

圆锥型环形光源以 30° 斜角照射在被测物体表面，形成的光线更能突出物体的三维特征，能够很好地解决物体的阴影问题，主要用于检测印刷电路板部件的有无、IC 的标签、条形码、塑料瓶盖内橡胶圈有无、板装药物缺片、颗粒破损和轴承表面损痕等。

3. 背光源

背光源(Back Light)是用高密度 LED 贴片阵列构成的，主要用于提供高强度背光照明，以突出物体的外形轮廓特征，如图 3-18 所示。常见的背光源有红蓝两用背光源和红白两用背光源两种[24]。通过设计 RGB 三色及多色交替点亮形式可以满足被检测物对于多色的要求，而且背光源可以更好地突出物体外部轮廓的特征，背光源光路如图 3-19 所示。背光源主要用于机械零件尺寸的测量，透光孔位定位检测，胶片污点、边缘破损、电子元件和 IC 元件外形检测、透明物体划痕检测、外形轮廓检测等。背光源是一平板式光源，由 LED 阵列分布于光源底部，发出光经过特殊导光板后形成均匀的背光。根据检测物体要求，中间设计一个方形或圆孔配套镜头。背光源具有均匀性好、亮度高、光线柔和、可多色背光、可产生无影效果的优点，并且对于反光物体可消弱反光现象，在检测方面应用广泛。

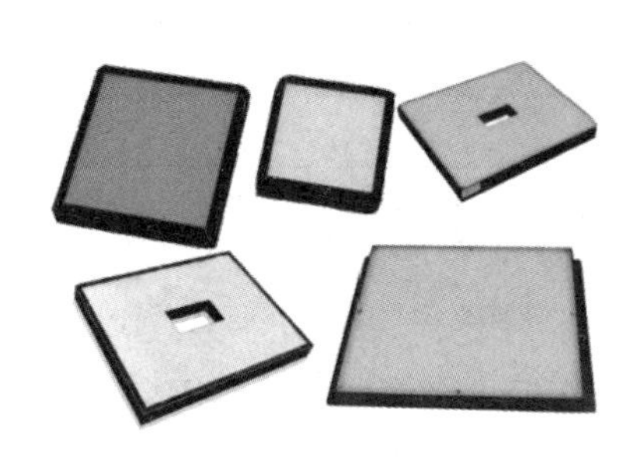

图 3-18　背光源

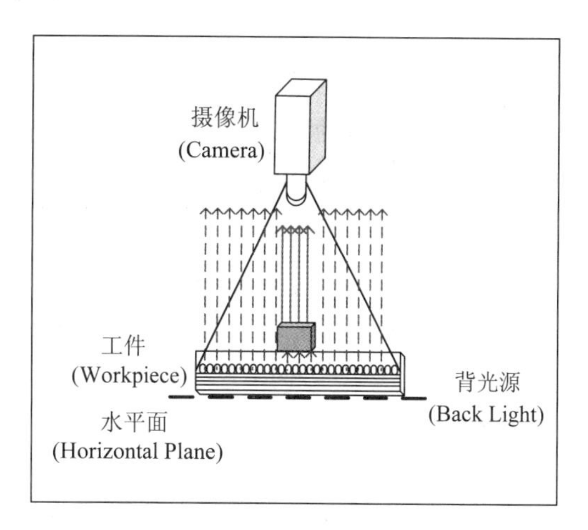

图 3-19　背光源光路

4．AOI 专用光源

AOI(Automatic Optic Inspection，自动光学检测)专用光源如图 3-20 所示，是基于光学原理、图像对比原理、统计建模原理而设计的光源，由 RGB 三色高亮度 LED 阵列构成，通过三种不同色的光从不同角度照射物体，便可以突出物体三维信息，外部加上漫射板导光后，可以减少反光率。高角度光和低角度光的组合光源是效果最好的 AOI 专用光源，如图 3-21 所示。高角度光使用同轴光，低角度光源则多使用 30° 的环型光。AOI 专用光源在电子行业、制造行业、印刷行业、汽车电子行业、食品行业、医药行业、建筑行业、包装行业等都有着广泛应用，如表 3-1 所示。

图 3-20　AOI 专用光源

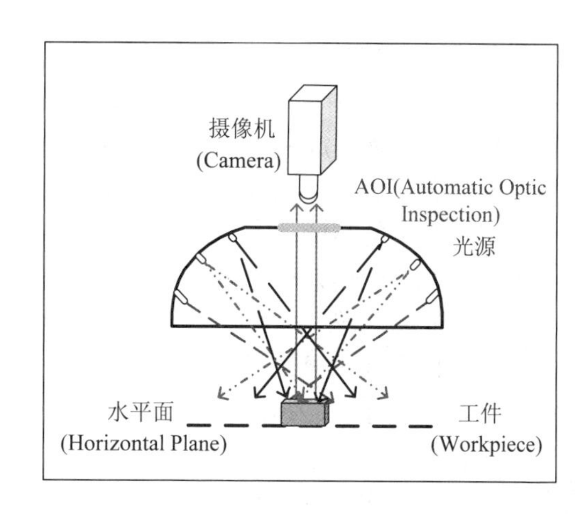

图 3-21　AOI 专用光源光路

表 3-1　AOI 专用光源在各行业的应用

应用行业	应 用 对 象
电子行业	元件表面缺陷特征检测、字符印刷残缺检测、元件破损检测、芯片引脚封装完整性检测、端子引脚尺寸检测、编带机元件极性识别、键盘字符检测
制造行业	冲压件边缘轮廓测量、零件外形尺寸测量、表面划痕检测、漏加工检测、表面毛刺测量
印刷行业	印刷质量检测、印刷字符检测、颜色识别、条码识别、二维码检测
汽车电子行业	面板印刷质量检测、字符检测、颜色识别
食品行业	外观封装检测、蛋类外观和内部品质检测、水果颜色判断、食品包装定位
医药行业	药瓶封装缺陷检测、药片封装缺漏检测、胶囊封装质量检测
建筑行业	瓷砖边缘尺寸测量、直角度测量
包装行业	包装完整性检查、条码读取和判断、颜色识别、印刷质量

5. 同轴光源

同轴光源是由 LED 和分光片构成的。LED 发出的光通过漫反射发散到半透半反射的分光片中，如图 3-22 所示，分光片则将光投射到物体表面，物体表面反射的光透过分光片进入观测镜头中。

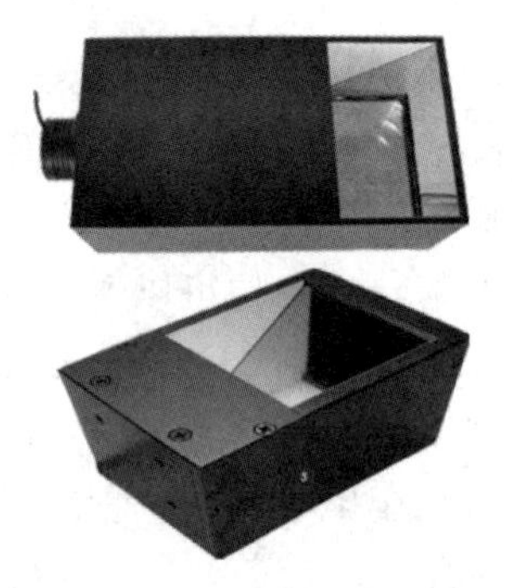

图 3-22　同轴光源

当物体表面平整时，才可以较完整地将光反射到观测镜头中。如果物体表面不平整，则光会被反射到其他地方，导致不平整处呈现黑暗，不利于物体表面的重现与观测。如果物体表面因不平整而引起阴影，则可以利用同轴光源来消除，起到减少干扰的作用。另外，部分同轴光源使用分光镜设计方法，可以更加均匀地照射在物体表层，减少了光的损失，从而使得成像更加的清晰。

影响同轴光源使用效果的主要因素有发光面积、安装高度、辅助光源等因素。

(1) 发光面积。要根据观测物体及目标大小选择同轴光源的发光面积，保证同轴光能全面覆盖目标的表面，提高观测的全面性与准确性。从工程经验看，同轴光源的发光面积应为被观测物体的 1.5～2 倍左右。由于同轴光源的设计原理是通过 LED 经过半透半发射镜进行反射，在反射过程中会产生光源损耗，因此，应尽量选择较大的同轴光源发光面积，以避免光线左右不均匀或不足。

(2) 安装高度。同轴光源与被观测目标的高度要适中。如果太近，则可能会因为发光面漏光而导致光面漫射不均匀；如果太远则光源损耗大。

(3) 根据目标边缘选用辅助光源。因为同轴光源需要经过半透半反射玻璃，当同轴光在物体与镜头之间作用时，可能会导致观测目标边缘变虚。因此，在使用过程中，如果对目标边缘要求高，则可根据需要选用辅助光源(如条形光源)。

同轴光源有平行同轴光源和转角同轴光源，其光路分别如图 3-23 和图 3-24 所示。

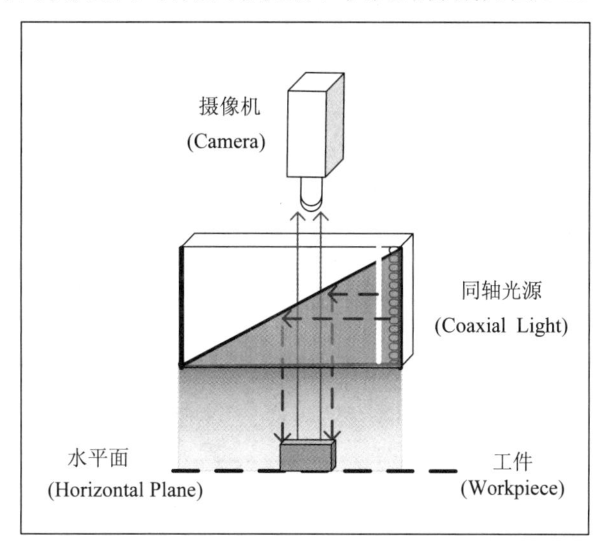

图 3-23　平行同轴光源光路

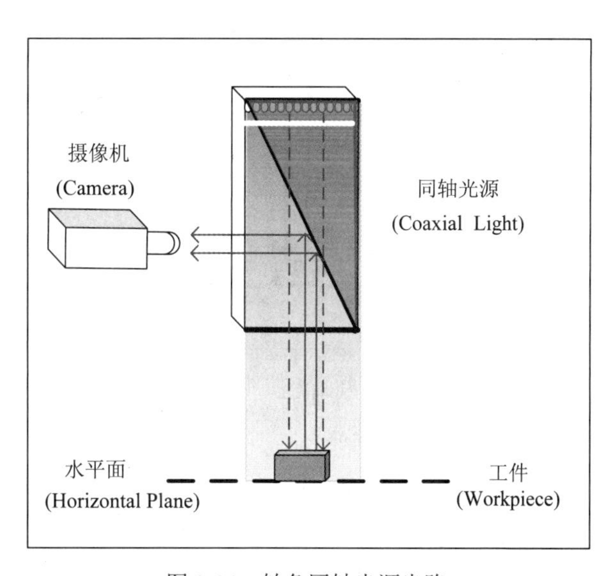

图 3-24　转角同轴光源光路

平行同轴光源可应用于卡片类表面(如凸起字符、划痕、水印检测等)、平面五金件表面(如压痕、划痕检测)、平面类反光物体(如表面划痕、凹凸点检测)等。转角同轴光源常应用于高反光物体表面划痕、Mark 点定位、二维码识别、标签定位等。

与 AOI 专用光源相比，AOI 光源为了让相机更好地拍摄图像，在光源正中央开孔可使得 AOI 最内圈光源与被测对象非正交，无法对反射性强的被测对象打光，如图 3-25 所示，然而同轴光源则能够对反光物体表面的划痕提供更好的给光效果，如图 3-26 所示。

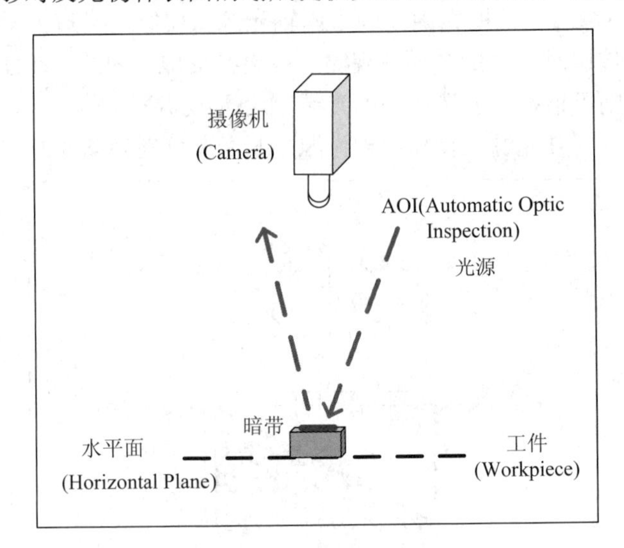

图 3-25　AOI 光源产生的暗区

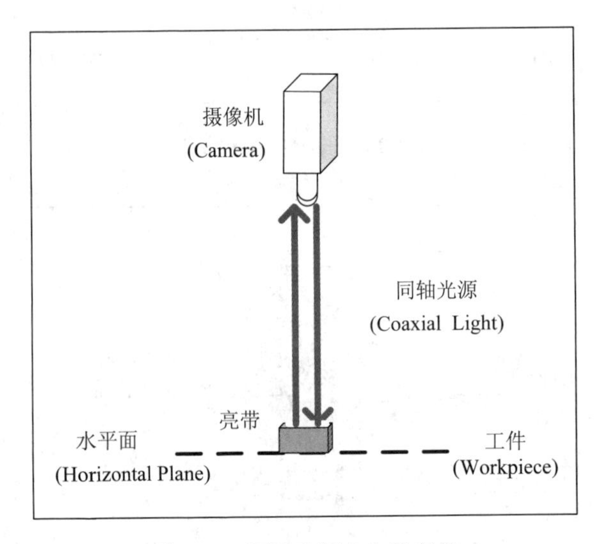

图 3-26　同轴光源产生的亮带

6. 圆顶光源

圆顶光源(又称为球积分光源，或 DEMO 光源，或碗状光源，或漫反射光源)，是一种漫反射无影光源，由 LED 高密度排列在圆形电路板上构成，结构优化后排列的 LED 发出的光线，经球面特殊涂层的漫反射而均匀、平滑地照射在被测物体表面，如图 3-27 所示。圆顶光源具有较大的光扩散面，能够全方位均匀照射被测物体，如图 3-28 所示，具有出光均匀、顶端防尘、满足多种颜色光谱要求等特点。

圆顶光源适用于表面起伏或反光的物体，即使是弯曲的金属表面也能够被均匀地照射，主要应用：

(1) 反光表面检测，如带玻璃表面的仪表盘、金属表面、易拉罐底部喷码等；

(2) 检测凸凹不平的表面，如检测 IC 表面字符、检测电容器表面破损等。

图 3-27　球积分光源

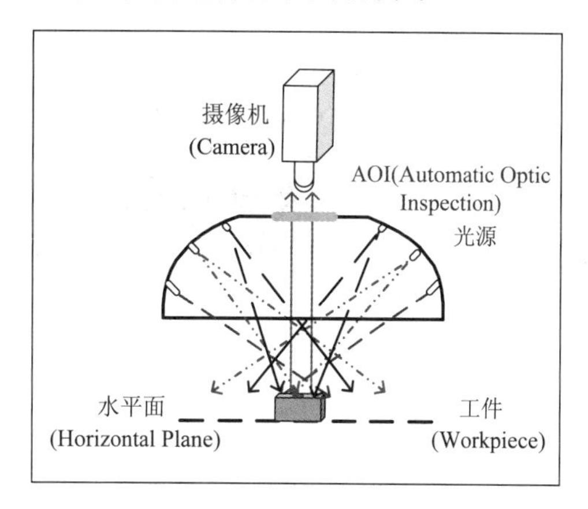

图 3-28　球积分光源的光路

7. 组合光源

在实际应用中，光源还有其他类型，如同轴光源与环形光源组合、环形光源与环形光源组合、条形光源与条形光源组合等，这些光源在工业机器视觉中都有着自己的优势以及相应的应用领域和范围。使用这些光源组合时，可利用光源的互补性达到更好的效果。如同轴光源与环形光源组合，适用于高速在线检测；条形光源和条形光源组合，适用于流水线散装料杂物检测；环形光源与环形光源组合，可应用于多种颜色变换的场合。

3.1.3　光源发光机制

光源按发光机制不同可分为 LED、激光光源、白炽灯、日光灯、水银灯和钠光灯等。

白炽灯、日光灯、水银灯和钠光灯是常用的几种可见光源。但是，这些光源不稳定。会受到各种因素的影响，使得光能不断下降。因此，如何使光能在一定程度上保持稳定，是使用过程中急需要解决的问题。在工业应用中，最常用的光源有 LED、荧光灯、激光等。白炽灯光源因其性价比最高也在工业中得以广泛应用，其缺点是随着时间增加，光能会不断降低，难以保持稳定。荧光灯的光场均匀、价格便宜，亮度较 LED 更高。卤素灯的亮度是白炽灯的改进，亮度特别高。它保持了白炽灯简单、成本低廉、亮度易于调整控制、显色性好(Ra = 100)等优点。同时，卤素灯克服了白炽灯的使用寿命短、发光效率低(一般只有 6%～10%可转化为光能，而其余部分都以热能的形式散失)的缺点。卤素灯通常用于需要集中照射的场合，如用于数控机床、轧机、车床、车削中心和金属加工机械等。氙灯使用寿命约 1000 小时，亮度高，色温与日光接近。以上四种光源的各类关系如图 3-29 所示。LED 光源因其亮度高、稳定性高等特性，是当前应用最广泛的光源。

视觉光源是机器视觉系统中不可或缺的一部分，它的选择直接影响输入数据的质量和应用效果。由于没有通用的机器视觉照明设备，所以针对每个特定的应用实例，要选择相应的照明装置，以达到最理想的应用效果。许多工业用的机器视觉系统用可见光作为光源，主要是因为可见光容易获得，价格低，且便于操作。在现今的工业应用中，对于某些要求高的检测任务，常采用 x 射线、超声波等不可见光作为光源。LED 不仅使用寿命长，而且可以有各种颜色、便于做成各种复杂形状、光均匀稳定，因此在一般的应用中，首选 LED

作为机器视觉光源。

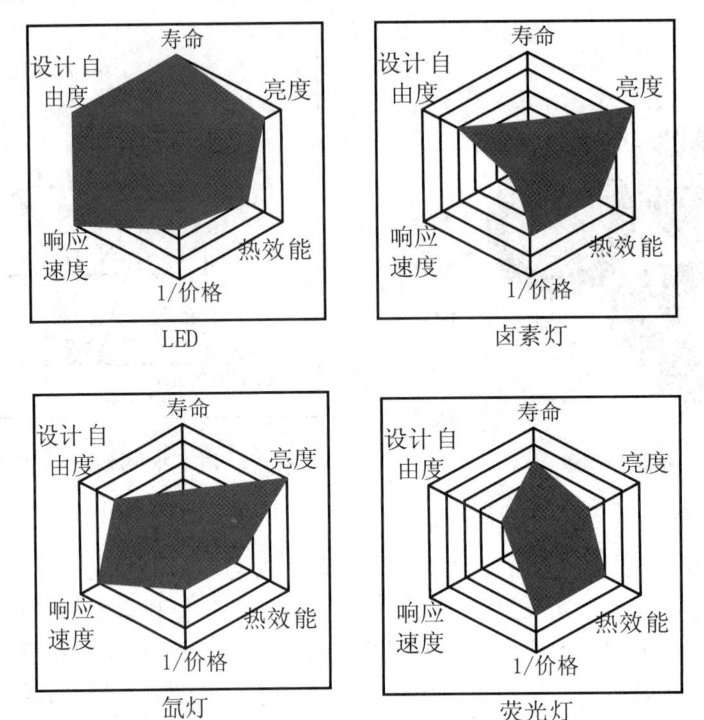

图 3-29　光源亮度、寿命、设计自由度、响应速度、热效能、价格的关系

与其他光源相比，LED 光源具有以下显著的特点：

(1) 使用寿命长。LED 的使用寿命约 1～3 万小时，如使用开关控制间歇，可抑制温度升高，则 LED 寿命更长。

(2) LED 光源可以灵活设计外形。通常 LED 光源是由很多个 LED 颗粒排列组成，可以根据具体使用环境，组成不同形状、不同角度的光源。与其他照明系统相比，在照射范围、照射角度和平行度等设计方面具有很大的自由，以满足多样化的需求。

(3) 颜色可选。LED 颗粒有不同的颜色不同的波长，用户可以根据检测对象的特征选用不同波长的光源，以突出检测特征，从而达到理想的效果。

(4) 稳定性好。LED 光源稳定性强，有利于为系统提供高品质的图像。

(5) 反应速度快。当图像采集需多个光源相互切换时，LED 响应速度快的优点尤为突出，其可在 10 微秒内达到最大亮度。

(6) 运行成本低。一个视觉系统或设备的日常运行及维护非常重要，其他的照明光源不仅要耗费 LED 数倍的电量，且需不断更换光源，因此安装使用 LED 照明系统将会在成本及性能方面也体现出它的优势。

在机器视觉系统中，LED 光源凭借其使用寿命长、亮度可调、低温、均衡、稳定、无闪烁、无阴影、亮度和色温一致等优点，满足了机器视觉用户对高品质、高精度的技术要求，得到了业界的广泛认可。但是，即使采用了 LED 等优秀的光源，为了保证视觉系统光源的性能稳定，仍要通过以下途径正确地保养视觉系统光源：

(1) 加大散热效果。光源尽量装配在导热性强的厚金属板上、安装风扇或保持空气流通。

(2) 通过触发信号控制光源开关。只在摄像机拍摄图像时由外部触发信号控制点亮光源，从而延长 LED 使用寿命。

(3) 使用时，将光亮度尽量调低。通过照明的电流量越小，发热也越少，光亮度调到30%～60%最佳。

正确合理地使用视觉光源，可以延长光源的使用寿命，同时也可将视觉光源的功能优势得到最大程度的发挥。

3.2　工业用光源的性能参数

在我国国家标准 GB 5698－85 中，颜色定义为："色是光作用于人眼引起除形象以外的视觉特性"，即颜色是一种光学现象，是光刺激人眼的结果，有光才有色。彩色也是一种心理感觉，它与照明光源的辐射能力分布及观看者的视觉生理结构有关。人眼可以感知的光谱范围为 380 nm～780 nm，但人感知物体的颜色一般是指在日光照明的环境下所显示的色彩，对于同一物体，在不同光线的照射下人会感觉到不同的色彩，可见光源对于正确认知物体的色彩是至关重要的。

人眼视网膜里存在着大量的光敏细胞，按其形状可分为杆状和锥状两种。杆状光敏细胞的灵敏度极高，人主要靠它在低照度时辨别明暗，但它对彩色是不敏感的。而锥状光敏细胞既可辨别明暗，也可辨别彩色。白天的视觉过程主要靠锥状细胞来完成，夜晚视觉则由杆状细胞起作用，所以在较暗处无法辨别彩色。

光源最基本的参数有光谱、色温、照明等。

光谱是复合光经过色散系统(如棱镜)分光后，被色散开的单色光按波长依次排列的图案。

对于色彩检测的应用，应选择与日光接近的光源，光谱要宽，而且连续。

当光源所发出的光的颜色与"黑体"在某一温度下辐射的颜色相同时，"黑体"的温度就称为该光源的色温，色温的单位是开尔文(K)。"黑体"温度越高，光谱中蓝色的成分则越多，而红色的成分则越少。例如白炽灯的光色是暖白色，色温为 2700 K 左右，日光色荧光灯的色温是 6400 K 左右，钠灯的色温在 2000 K 左右。

被照面上接收到的单位光通量称为照度。如果每平方米被照面上接收到的光通量为 1 lm，则照度为 1 lx，单位为勒克斯(lx 或 Lux)，即 1 勒克斯(lx)相当于每平方米被照面上光通量为 1 流明(lm)时的照度。常用光源照度值有：夏日阳光下为 100 000 Lux、阴天室外 10 000 Lux、电视台演播室 1000 Lux、距 60 W 台灯 60 cm 桌面 300 Lux、室内日光灯 100 Lux、黄昏室内 10 Lux、20 cm 处烛光 10 Lux～15 Lux、晴朗的月夜地面约 0.2 lx。

评价光源的性能参数有对比度、亮度、均匀性、可维护性、寿命等方面。

1. 对比度

对比度是机器视觉检测技术中比较重要的指标之一，对比度很大程度上取决于光源和光的波长。光源最重要的任务就是使被观察的特征与被忽略的图像特征之间尽可能产生最大对比度，以便处理检测。对于视觉系统而言，整个检测任务就是将被检测的物体数据与标准物体的特征数据进行比对来进行区分，所以好的光源应该要保证将物体的特征明显地表现出来，易于与其他物体形成对比。根据检测对象的不同，可使用不同类型的光源照射被检测对象，如使用相同颜色的光源照射物体，是否有部分变亮；或采用相反颜色的光源照射物体，是否有部分变暗。

2．亮度

亮度是指人看光源时，眼睛感受到的光亮度。光源的亮度取决于光源的色温和光通量。光通量越多，亮度越高。光源的亮度受环境光的影响。当亮度不够时，环境光对系统的影响会非常大，因此，光源的亮度必须远远大于环境光(比如灯光、自然光)，这样就能保证环境光对系统的影响较小，保证系统的稳定性。在选择光源时，应尽可能选择亮度较高的。如果光源亮度不够，则需采用适当的补偿措施，如增大光圈。另外，好的光源的亮度应该做到在实验中和实际中的效果一致，且能较好地适应环境。

3．均匀性

均匀性是光源重要的技术参数之一。如果光源的均匀性良好，则能保证被检测部分的图像灰度级别与实际基本一致，能够降低后期软件设计的复杂度；如果光源不均匀，则会造成光的不均匀反射，扭曲图像灰度级别。因此，均匀性好的光源有利于系统稳定工作。从图像角度看，图像中暗的区域是缺少反射光，亮的区域则是反射太强。不均匀的光会使得视野范围内部分区域的光比其他区域多，造成物体表面反射不均匀。均匀的光源可以补偿物体表面的角度变化，即使物体表面的几何形状不同，光源在各部分的反射也是均匀的。

4．寿命

光源的亮度不宜随时间衰减过快，否则，会影响系统的稳定。发热量大的光源亮度衰减快，当亮度衰减到一定程度时，光源将难以保持系统稳定性，必须更换光源。光源的寿命与光源的工作温度和光源本身的温度有很大的关系。为了保证光源有较长的寿命，散热设计是光源设计的关键技术之一。

5．可维护性

在光源的使用过程中，要做到易于安装和维修等，以节省使用者的时间精力。通常，在实际应用中，如果在利用机器视觉检测技术时，需要目标与背景之间产生更大的对比度，则采用光源时就可以把黑白相机与彩色相机进行搭配使用。如果机器视觉系统工作的环境本身的光源存在问题，则可以考虑增加滤镜，尝试使用单色的光源。如果被检测物体是闪光曲面，则考虑用散射圆顶光；如果被检测物体是闪光平面，则考虑使用低角度的暗视场；如果在检测塑料产品时，则可尝试使用紫外线或是红外线光源，从而突出反射物体的表面特征。因此，可根据实际需求，灵活运用光源。

3.3　工业光源的选型

机器视觉系统的核心是图像的采集、处理、理解和分析，图像质量好坏会影响机器视觉系统效果，而机器视觉光照是决定图像质量的重要因素，因此选择合适的光源非常关键。

合理的机器视觉光源可以使图像的目标特征与背景信息得到最佳的分离，特征更明显突出，这样会极大地降低整个机器视觉系统的处理难度，提高系统的稳定性、可靠性和实时性。

在机器视觉系统中，光源的作用主要是：

(1) 突出测量特征，简化图像处理算法；

(2) 克服环境光的干扰，提高图像信噪比；

(3) 提高机器视觉系统的定位、测量、识别精度及系统的运行速度；

(4) 降低系统的设计复杂度。

根据需求不同，选择合适的机器视觉光源，首先要了解以下几点：

(1) 检测对象的形态特征(异物、划痕、缺损、标识、形状等)。物体表面的形状越复杂，其表面的光源变化也随之而复杂，如对于一个抛光的镜面表面，光源需要在不同的角度下照射，从不同角度照射可以减小光影。

(2) 检测对象的表面状态(镜面、糙面、曲面、平面)。当光源照射到物体表面时，光可能被吸收或被反射。若光被完全吸收，则表面难以照亮；若光被部分吸收，则会造成亮度的变化。

(3) 检测对象的材质及表面颜色(花纹、纯色、纹理)。受物体表面光滑度的影响，物体表面可能高度反射(镜面反射)或者高度漫反射。

选择合适的机器视觉光源能提高整个机器视觉系统的工作效率，因此，选择合适的光源是十分必要的。

选择光源依据的原则是：

(1) 光源覆盖面积的大小。

(2) 光源的亮度指标。

(3) 光源的功耗。

(4) 光源对周围环境的要求(灰尘、油污、温度、湿度等)。

良好的光场设计应具有对比度明显、目标与背景的边界清晰、背景尽量淡化而且均匀、不干扰图像处理、亮度适中等特点，才能满足机器视觉系统的要求。

第四章　工业用相机

根据传感器芯片类型不同，工业相机分为电荷耦合元件 (Charge-coupled Device, CCD)相机和互补金属氧化物半导体 (Complementary Metal Oxide Semiconductor，CMOS)相机。内部结构由 CCD 图像传感器设计的相机称为 CCD 相机(如图 4-1 所示)，内部结构由 CMOS 图像传感器原理设计的相机称为 CMOS 相机(如图 4-2 所示)。CMOS 相机包括外置镜头/物镜、红外线滤镜、微镜头、色彩滤波器、感光区阵列和 PCB 电路等模块。外置镜头/物镜是由若干个透镜组合而成的透镜组，是重要的光学部件。在 CMOS 图像传感器中的每个像素上都有一个微镜头。色彩滤波器是一个滤光片，将入射光线通过色彩滤波器分成红(R)、绿(G)、蓝(B)光线，该滤光片使得每个像素只感应一种颜色，另外两种颜色分量通过相邻像素插值得到(即 deomosaic 算法)。感光区阵列(又称为 Bayer 阵列、像素阵列)是将光子转换成电子，完成光电转换。PCB 电路包括时序控制、模拟信号处理、模数转换等模块，其中时序控制用于控制电信号的读出和传输，模拟信号处理主要是信号滤波，模数转换实现模拟信号与数字信号的转换。CMOS 相机具有如下特点：体积小、低功耗、可直接访问单个像素、动态范围高、帧率高，具有片上数字化和其他处理功能，缺点是噪声大，光灵敏度差。

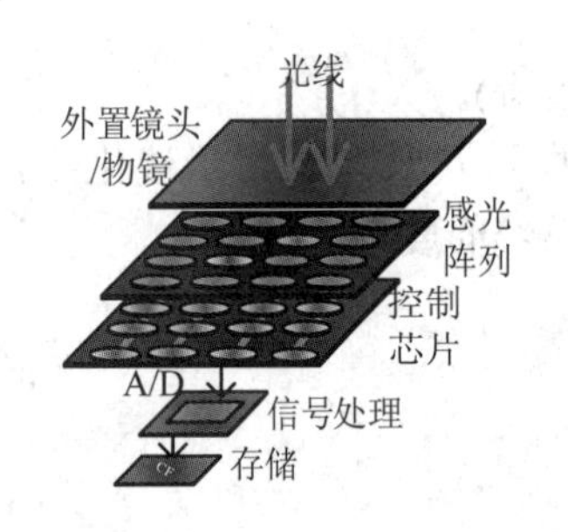

图 4-1　CCD 图像传感器结构

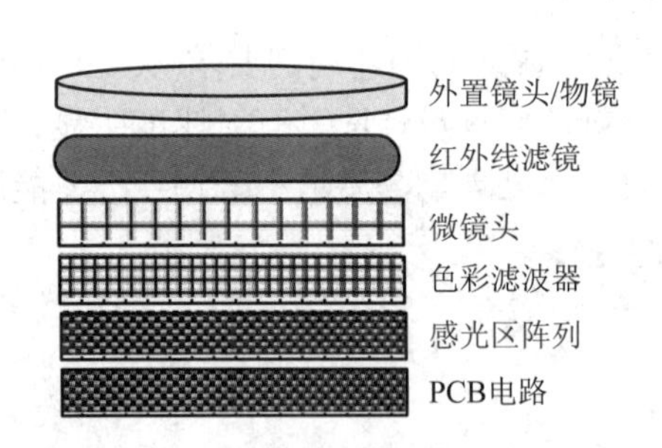

图 4-2　CMOS 图像传感器结构

CCD 相机由物镜、感光阵列、控制芯片、A/D 转换、信号处理等模块组成。其工作原理为：景物反射的光线通过相机的镜头透射到 CCD 上；CCD 曝光后光电二极管受光线激发释放出电荷，从而产生感光元件的电信号；CCD 控制芯片利用感光元件中的控制信号线路对光电二极管产生的电流进行控制，由电流传输电路输出，CCD 会将一次成像产生的电信号收集并统一输出到放大器；经过放大和滤波后的电信号被送到 A/D，由 A/D 将模拟信号转换为数字信号，数值的大小和电信号的强度(即点云)成正比，这些数值就是图像数据；通过数字信号处理器(DSP)对图像数据进行色彩校正、白平衡处理等处理，生成相机支持的图像格式、分辨率等图像文件；最后，图像文件存储到存储器上。由于 CCD 相机具有图像质量高、灵敏度高、对比度大等优点，因此应用非常广泛。

根据相机视觉处理器不同，分为智能相机(摄像头 + ARM、摄像头 + FPGA)、嵌入式相机(摄像头 + ARM)和基于 PC 相机(摄像头 + 上位机)。

按输出图像信号格式不同分为模拟相机(PAL、NTSC)和数字相机。

按像素排列方式不同分为面阵相机和线阵相机。无论是线阵 CCD 还是面阵 CCD，CCD 像元之间都是存在间隔的，实质上所获取的图像都是离散图像。线阵相机用于工业、医疗、科研等领域，而面阵相机应用更为广泛。

4.1 线 阵 相 机

线阵相机的传感器只有一行感光元素，即所探测的被测对象要在一个长的界面上，一种常见的线阵相机是扫描仪[25]。线阵相机具有非常高的扫描率与分辨率，广泛运用于金属、塑料和纤维产业中。线阵相机主要有标准线阵相机和非标线阵相机。利用线阵相机检测的物体通常都是匀速形式的，以便对扫描的图像进行逐一处理。线阵相机有如下特点：

(1) 线阵相机的传感器呈“线”状，虽然是二维图像，但分辨率极高。适合于高精度检测和测量，同时还能够用于连续高分辨率成像及连续运动物体的成像，其测量可以精确到微米。

(2) 线阵相机动态范围大，灵敏度高，适合于大幅面视场的工业检测需求。

(3) 线阵相机具有更高的数据传输速率，更适合于高速检测。

线阵 CCD 相机在一维像元数上可以做得很多，特别适用于一维动态目标测量。线阵 CCD 相机的缺点是：图像获取时间长，测量效率低；图像精确度会受扫描精度的影响，从而影响测量精度；系统因增加了扫描运动以及相应位置的反馈环节而增加了复杂性及成本。

线阵相机常应用于流水线作业、LCD 面板检测、印刷制品、粮食筛选以及烟草异物剔除等，具有宽幅面、高速度、高精度等的特点。

4.2 面 阵 相 机

面阵相机是以面为单位进行图像采集的相机，可以一次性获取完整的二维图像信息，具有测量图像直观的优势[26]。最常见的面阵相机就是数码相机和摄像机。面阵相机可以在短时间内使动态的物体成像，拍摄出静态效果。其广泛应用于目标物体的形状、面积、尺寸、位置，甚至温度等测量。面阵相机的缺点是像元总数非常多，但每行的像元素没有线阵相机多，限制了帧幅率。

根据面阵相机自身传感器的排列方式结构不同，可分为帧转移面阵相机、全帧转移面阵相机、线转移面阵相机和隔列转移面阵相机四种类型。

1. 帧转移面阵相机

在 CCD 工业相机中，填充因子(Fill Factor)和势阱容量(Well Capacity)是与相机动态范围相关的重要参数。填充因子是指感光有效面积与像素总面积的比值。势阱容量是指单个

CCD 势阱中可容纳的电荷量。满阱容量是指单个 CCD 势阱中可容纳的最大信号电荷量。帧转移面阵相机的 CCD 图像传感器由暂存区、水平移位寄存器和成像区三部分组成。暂存区是由若干个电荷耦合沟道并行排列组成的，并且水平移位寄存器一起被金属铝所遮蔽；成像区与暂存区的单元数目和结构一致。帧转移面阵相机具有结构简单、填充因子大、势阱容量高等优点，不足之处是快门速度非常慢等。

2. 全帧转移面阵相机

全帧转移面阵相机没有暂存区和垂直移位寄存器，提供的填充因子和满阱容量都很大。全帧转移相机中每个像元收集光电荷时，还可实现电荷的转移。全帧转移面阵相机易于微型化，尤其在工业电子内窥镜以及医用领域中有较大应用前景。

3. 线转移面阵相机

线转移面阵相机的 CCD 传感器没有存储区，有一个寻址电路。与帧转移面阵相机类似，它的成像单元是并行紧密排列的，且每一行成像单元中都有确定的地址。线转移面阵相机的优点在于它有效的光敏面积非常大、转移速度和转移效率都很高，缺点是电路的复杂性限制了其应用。

4. 隔列转移面阵相机

隔列转移面阵相机的成像单元在 CCD 图像传感器中都是呈二维排列的，每列成像单元都会被遮光的读出寄存器以及沟阻(即该区的静电势对栅极的电压和电压变化不敏感)隔开。读出寄存器和成像单元之间还存在着转移控制栅。隔列转移面阵相机是在逐行倒相(Phase Alteration Line，PAL)电视制式模式下工作的。整个成像过程为：在场正程(电子束从左到右扫描显示出图像)期间，成像区进行光积分，移位寄存器将每列的信号电荷向水平移位寄存器中转移；在逆程(从右到左快速回到起点，不显示图像)期间，转移栅上产生一种正脉冲，将成像区的信号电荷并行地转移到垂直寄存器中。转移到读出寄存器的光产生电荷会向水平读出寄存器中转移，而水平读出寄存器快速将其经放大器输出，从而在输出端得到与光学图像对应的视频信号。与帧转移面阵相机相比，隔列转移面阵相机的转移速度快，而缺点是像元密度较低。

总之，在工业应用中，线阵相机和面阵相机都有着广泛的应用。根据应用需求，选择合适的类型。

4.3　镜　　头

在机器视觉系统中，镜头相当于人的眼睛，其作用是将目标的光学图像聚焦在图像传感器的光敏面上。视觉系统处理中的所有图像信息均通过镜头得到，镜头的质量直接影响整个机器视觉系统的整体性能。选择镜头和设计成像光路是视觉系统的关键技术之一。

机器视觉系统的镜头是通过不同的设计来满足不同的光学要求的。镜头设计本质是将折射率不同的各种光学原材料加工成高精度的曲面镜片并进行适当的组合。

在使用和选择工业镜头时，需要掌握镜头的几个基本参数、镜头接口和镜头的分类等相关知识。

4.3.1 镜头参数

1．焦距

与光轴平行的光线射入凸透镜时，理想镜头应该是所有的光线聚集在一点后，再以锥状扩散开来，这个聚集所有光线的一点，就叫做焦点。焦距(Focal Length)(又称焦长)是透镜中心(主点)到成像面(焦点)的距离，如图 4-3 所示。焦距用 f 表示，如 f = 8 mm～24 mm，表示相机的焦距长度为 8 mm～24 mm。焦距决定了镜头的拍摄视角，即能够拍摄多大范围内的画面，如图 4-4 所示。f 小，成像面距离主点近，称为短焦距镜头，对应的视角是广角，即可拍摄的范围较大；相反，f 大，主点到成像面的距离远，称为长焦距镜头，对应的视角为窄角，即可拍摄的距离更大。根据焦距能否调节，可分为定焦镜头和变焦镜头两大类。

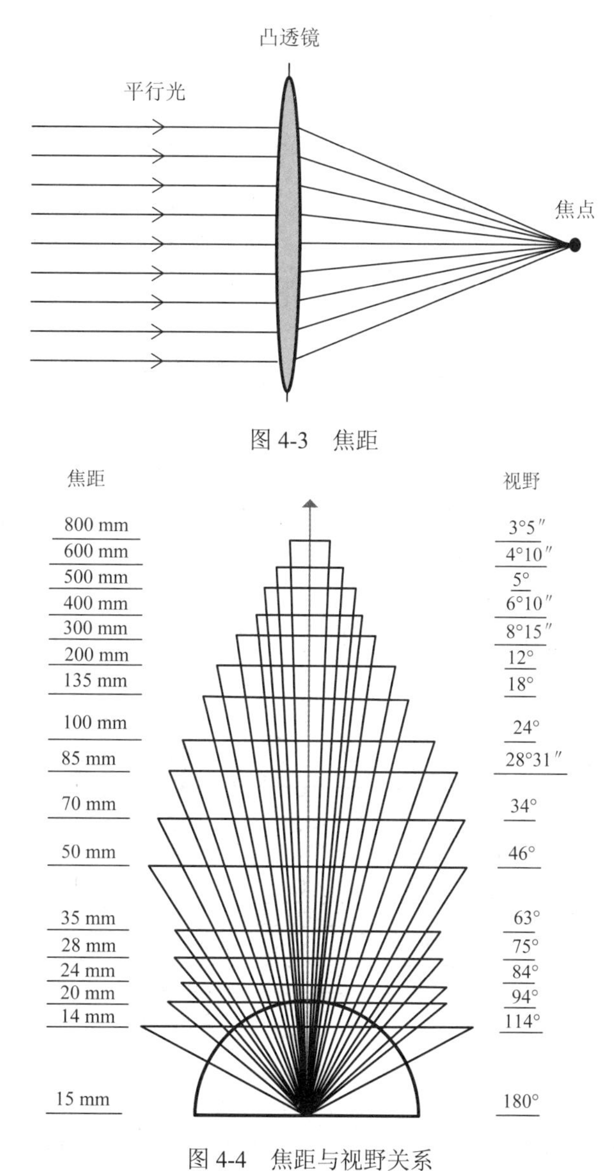

图 4-3　焦距

图 4-4　焦距与视野关系

2．视野

视野(Field of View，FOV)(又称视场角)是图像采集设备所能够覆盖的范围，即和靶面上的图像所对应的物体平面的尺寸，也即相机实际拍到区域的尺寸。摄像机靶面是摄像机上 CCD 或 CMOS 感光器件的感光表面。

3．分辨率

分辨率(Resolution)指在像面处镜头在单位毫米内能够分辨的黑白相间的条纹对数，其单位为线对/毫米(lp/mm)。图 4-5 所示的分辨率为 1/2d，d 为线宽。

图 4-5　分辨率

理想镜头的焦平面上能分辨清条纹间的间距为 $\delta = 1.22\lambda F$，其倒数为理想镜头的分辨率，可表示为

$$R = \frac{1}{1.22\lambda F}$$

其中，λ 为光的波长，F 为光圈系数值。

普通的镜头分辨率为 50 lp/mm，相当于水平分辨率 700 个像素。百万像素级以上的镜头，镜头分辨率可达 100 lp/mm 及以上(相当于水平分辨率达 1280 lp/mm)。

影响分辨率的主要因素有镜头结构、材质、加工精度等，还与光圈大小、波长有关。镜头的光圈越大，分辨率越高；波长越短，分辨率越高。

4．工作距离

工作距离(Working Distance)指镜头前端到被测物体的距离。当小于最小工作距离时，系统一般不能正常清晰成像。

5．景深

景深(Depth Of Field)是指在被摄物体聚焦清楚后，在物体前后一定距离内，其影像仍然清晰的范围。景深随镜头的光圈值、焦距、拍摄距离的不同而变化。成像示意图如图 4-6 所示。光圈越大，景深越小；光圈越小、景深越大。焦距越长，景深越小；焦距越短，景深越大。距离拍摄体越近时，景深越小；反之，景深越大。

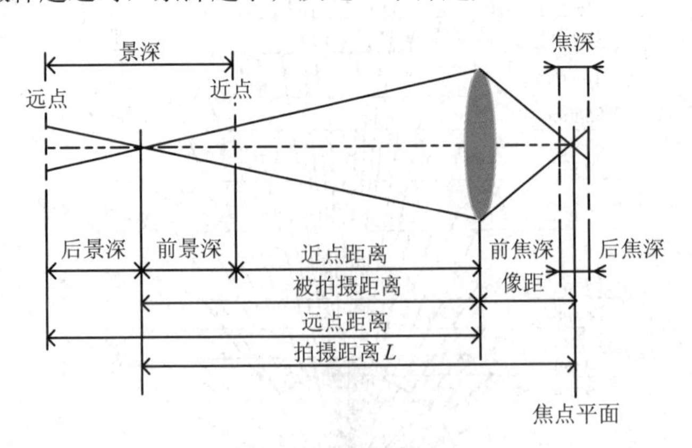

图 4-6　成像示意图

为了便于描述成像模型，首先定义一个与人眼观看物体有关的概念：容许弥散圆。当

一个物体被镜头成像时，理想情况下是点与点一一对应；受光波和像差的影响，物体上的点经过镜头成像后可能不是一点，而是一个圆点。由于人眼分辨能力的局限性，圆足够小时，即被看成是一个圆，该点称为容许弥散圆(或称为容许不清晰圆)。

以持照相机拍摄者为基准，从焦点到近处容许弥散圆的距离叫前景深，从焦点到远方容许弥散圆的距离叫后景深。

景深可按以下方法计算：

前景深：
$$\Delta L_1 = \frac{F\delta L^2}{f^2 + F\delta L}$$

后景深：
$$\Delta L_2 = \frac{F\delta L^2}{f^2 - F\delta L}$$

景深：
$$\Delta L = \Delta L_1 + \Delta L_2 = \frac{2f^2 F\delta L^2}{f^4 - F^2\delta^2 L^2}$$

其中，δ 为容许弥散圆直径，f 为镜头焦距，F 为镜头的拍摄光圈值，L 为对焦距离。

由景深计算公式可以看出，景深与镜头使用光圈、镜头焦距、拍摄距离以及对光学系统成像的质量要求(表现为对容许弥散圆的大小)有关。这些主要因素对景深的影响为：

(1) 镜头光圈越大，景深越小；镜头光圈越小，景深越大；

(2) 镜头焦距越长，景深越小；镜头焦距越短，景深越大；

(3) 拍摄距离越远，景深越大；拍摄距离越近，景深越小。

6．相对孔径

相对孔径是镜头的入射光孔直径(D)与焦距(f)之比。

最大相对孔径通常会标注在镜头上，如 1∶1.8/6 mm。

7．光圈系数

光圈系数(Iris)是相对孔径的倒数，用 F 表示。每个镜头上都标有最大值，如 8 mm/F = 1.4 代表最大孔径为 5.7 mm。F 值越小；镜头光圈越大，F 值越大，镜头光圈越小。

8．调制传递函数

镜头的实际分辨率比理想镜头的分辨率要低很多，需要定义一种度量来表征镜头的实际分辨率。调制传递函数(Modulation Transfer Function，MTF)是描述不同空间频率下成像细节分辨率的函数，其定义是在空间频率一定时，像面对比度与物面对比度之比。空间频率用单位毫米内的线对数(单位：lm/mm)来表示。

对于同一镜头，不同空间频率处的 MTF 值是不同的，一般随着空间频率的增大，MTF 越来越小，直至为零。MTF 为零时的空间频率为镜头的截止频率，也用于表示镜头的实际分辨率。

9．畸变

通过焦点和光心的直线称为主光轴。当被摄物平面内的主光轴外直线经光学系统成像后变为曲线，这种成像误差称为畸变。畸变反映了光学系统对物体成像与物体本身的失真程度。畸变定义为实际像高 y' 与理想像高 y'_0 之差，记为 $\overline{y} = y' - y'_0$，而在实际应用中经常将 $\overline{y}$ 与理想像高 y'_0 之比的百分数来表示畸变，称为相对畸变 Dist，即

$$\text{Dist} = \frac{y' - y_0'}{y_0'} \times 100\%$$

如果畸变小于 2%，则人眼观察不到；若畸变小于 CCD 的一个像素，则摄像机也无法分辨。畸变像差只影响成像的几何形状，而不影响成像的清晰度。畸变一般可分为三类：无畸变、桶形畸变和枕形畸变，如图 4-7 所示。畸变的校正一般用黑白分明的方格图像来表示。通常，短焦距镜头一般表现为桶形畸变，长焦距镜头一般表现为枕形畸变。在进行精度较高的测量时，需要校正畸变。

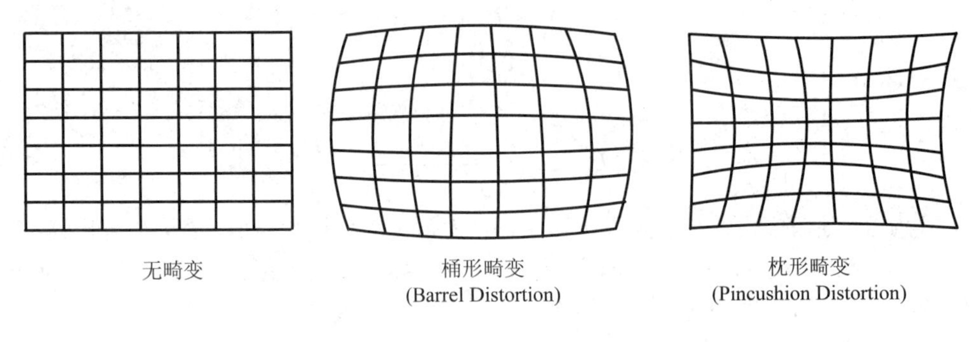

图 4-7　畸变

4.3.2　镜头接口

镜头与相机的连接方式，常用的包括 C、CS、F、V、T2、Leica、M42 × 1、M75 × 0.75 等。常用的 CCD 相机镜头接口有两种工业标准，即 C-mount 和 CS-mount，两者螺纹部分相同，但两者从镜头到感光表面(传感器)的距离不同，该距离称为法兰后截距(Flange Back Focal Length)。其中：

C-mount：图像传感器到镜头之间的距离应为 17.526 mm。

CS-mount：图像传感器到镜头之间的距离应为 12.526 mm。

C-mount 镜头和 CS-mount 镜头之间利用 5 mm 的垫圈即可相互转换。

4.3.3　镜头的分类

根据焦距能否调节，镜头可分为定焦距镜头和变焦距镜头两大类。

(1) 定焦距镜头。定焦距镜头只有一个固定焦距的镜头和一个焦距段，或者说只有一个视野。依据焦距的长短，定焦距镜头按等效焦距分为鱼眼镜头(6 mm～16 mm)、短焦镜头(17 mm～35 mm)、标准镜头(45 mm～75 mm)、长焦镜头(50 mm～300 mm)四大类。

(2) 变焦距镜头。变焦距镜头上都有变焦环，可以调节或改变镜头的焦距值。最长焦距值和最短焦距值的比值称为镜头的变焦倍率。变焦距镜头又可分为手动变焦和电动变焦两大类。

变焦距镜头因具有可连续改变焦距值的特点而被广泛使用，但变焦距镜头的透镜片数多、结构复杂，使得最大相对孔径不能做得太大，致使图像亮度较低、图像质量变差，同时，在设计中也很难针对各种焦距、各种调焦距离做像差校正，所以其成像质量无法和同档次的定焦距镜头相比。

在视觉系统中，为了某种特殊需求还有一些特殊的镜头。特殊镜头包括微距镜头(Macro)、显微镜头(Micro)、远心镜头(Telecentric)、红外线镜头(Infrared)、紫外线镜头(Ultraviolet)。

(1) 微距镜头。微距镜头通常拍摄十分细微的物体，按德国的工业标准，微距镜头指镜头放大率(像的大小与实物大小比例)大于 1∶1 的特殊设计的镜头。广义上说，放大率在 1∶1～1∶4 左右都属微距镜头。使用专门的微距镜头，价格较高但成像质量可以得到保证。

(2) 显微镜头。显微镜头是把重点放在供近摄用而设计的高分辨力的镜头，为成像比例大于 10∶1 的拍摄系统所用，而放大率达到 10∶1～200∶1 都属于显微镜头，如图 4-8 所示。显微镜头有体视显微镜、生物显微镜和金相显微镜。金相显微镜是传统的光学显微镜与计算机(或数码相机)通过光电转换有机的结合，不仅可以在目镜上作显微观察，还能在计算机(或数码相机)显示屏幕上观察到实时动态图像，常用于对物体或工件的微观观测。

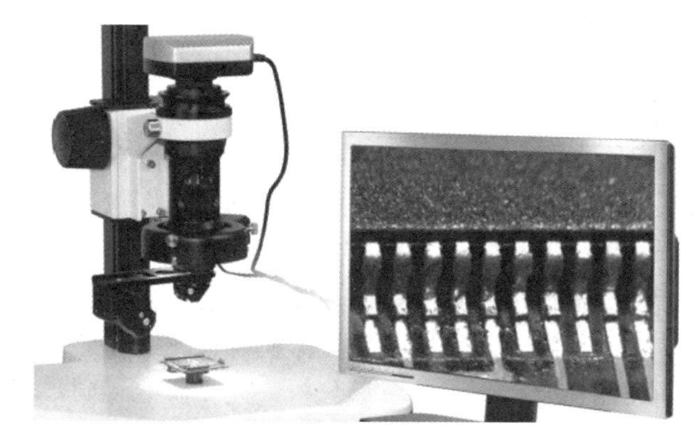

图 4-8　显微镜头(金相显微镜)

(3) 远心镜头。远心镜头是为纠正传统镜头的视差而特殊设计的镜头，如图 4-9 所示，可以在一定的物距范围内，使得到的图像放大倍率不会随物距的变化而变化，这对被测物不在同一物面上的情况是非常重要的应用。

图 4-9　远心镜头

光学系统的孔径光阑在光学系统像空间所成的像称为系统的出瞳。入瞳是孔径光阑对前方光学系统所成的像。出瞳的位置(由出瞳距离表示)和直径(由出瞳直径表示)代表了出射光束的位置和口径。远心是一种光学的设计模式，即系统的出瞳和入瞳的位置在无限远处。远心镜头最重要的优点是物体距离变化并不影响图像的放大倍率。远心镜头可从相同的视角来观察和显示整个物体，不会出现类似使用标准镜头时三维特征出现的透视变形和图像位置错误。即使在深孔内部的物体，在整个视野中也清晰可见，因此，在检测三维物体时，对图像尺寸和形状精确性要求严格时，常用远心镜头。远心镜头的常用领域有：

① 机械零件测量：应用于精细机械零件，如螺丝、螺母和垫圈等。

② 塑料零件测量：应用于测量橡胶密封件、O型环和塑料盖帽。因为其极易形变，故这些零件需要完全无接触的光学测量技术才可实现。

③ 玻璃制品与医药零件测量：由于玻璃器皿及器具完全密封或防止损伤器皿，常采用远心镜头来测量，如测量玻璃瓶颈的螺纹线。

④ 电子元件测量：利用远心镜头检测元器件的完整性、尺寸、规格、位置与插脚的弯度等。

在实际应用中，如有下述情况时，则可采用远心镜头进行测量，如当被检测物体厚度较大且检测不止一个平面时(类似于食品盒、饮料瓶)、当被测物体的摆放位置不确定且可能跟镜头成一定角度时、当被测物体在被检测过程中上下跳动(如生产线上下震动导致工作距离发生变化时)、当被测物体带孔径或是三维立体物体时、当需要低畸变率或图像效果亮度完全一致时、当被检测物体的缺陷只在同一方向平行照明下才能检测到时、当要求检测精度极高时(如容许误差为 1 μm)。

(4) 紫外线镜头。紫外线镜头(Ultraviolet)是针对可见光范围内的使用设计的，由于同一光学系统对不同波长的光线折射率不同，因此使得同一点发出的不同波长的光成像时不能会聚成一点，从而产生色差[27]。

在工业应用中，紫外相机可用于大面积监视输电线的隐患，可探测到高压输电线和高压设备漏电征兆的电晕放电现象。也可用于荧光分析、化学荧光分析、光谱分析、弹道分析、生物荧光分析、高速流体分析、电源现象分析、天文研究、同步辐射、粒子探测以及闪光照相等诸多领域。

(5) 红外线镜头。红外线镜头是由一种红外滤光片组合而成的，可应用于近红外成像的系统，如工业红外相机，如图 4-10 所示。工业红外相机输出的是裸数据(Raw Data)，其光谱范围也往往比较宽，比较适合进行高质量的图像处理算法，如机器视觉(Machine Vision)应用。而普通相机光谱范围只适合人眼视觉，经过压缩图像质量较差，不利于分析处理。工业红外相机主要应用于自动化检测系统，如半导体、太阳能电池、平板显示器、电子元器件、汽车、医疗、包装等制造行业。

图 4-10　红外相机

4.3.4 镜头的选择

在大多数机器视觉应用中，镜头的基本光学性能由焦距、光圈系数和视野这三个参数表征。在选择镜头时，首先要确定这三个参数，尤其确定焦距，之后再考虑分辨率、景深、畸变、接口等其他因素。

第一，根据目标尺寸和测量精度确定传感器尺寸、像素尺寸和放大倍率；第二，根据系统整体尺寸、工作距离和放大倍率，计算出镜头的焦距；第三，根据焦距和传感器尺寸确定视场角；第四，根据现场的照明条件确定光圈大小和工作波长；第五，考虑镜头畸变、景深、接口等其他要求。

1．确定工业相机镜头接口、CCD 尺寸(靶面尺寸)和分辨率

镜头接口与相机接口匹配或通过外加转换口匹配即可；镜头可支持的最大 CCD 尺寸应大于等于选配相机 CCD 芯片尺寸。

以 2/3" 工业相机为例，C 接口，500 万像素，那么我们可以先确定需要的工业镜头是 C 接口，最少支持 2/3"，500 万像素以上。

2．计算焦距

假如被检测物体尺寸为 $A \times B$，要求能够分辨小于 C，工作距离为 D，请对焦距进行分析。

(1) 计算短边对应的像素数：

$$E = \frac{B}{C}$$

相机长边和短边的像素数都要大于 E。

(2) 计算像素尺寸：

$$\text{像素尺寸} = \frac{\text{产品短边尺寸}B}{\text{所选相机的短边像素数}}$$

(3) 计算放大倍率：

$$\text{放大倍率} = \frac{\text{所选相机芯片短边尺寸}}{\text{相机短边的视野范围}}$$

(4) 计算分辨精度：

$$\text{分辨精度} = \frac{\text{像元尺寸}}{\text{放大倍率}} \quad (\text{判断是否小于}\ C)$$

(5) 计算焦距：

$$\text{物镜的焦距} = \frac{\text{工作距离}}{1 + \dfrac{1}{\text{放大倍率}}} \quad (\text{mm})$$

在已知相机 CCD 尺寸、工作距离(WD)和视野(FOV)的情况下，计算出所需镜头的焦距(图 4-11 所示)。

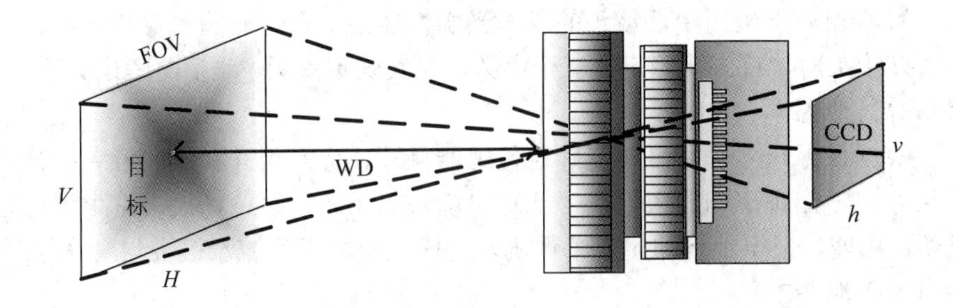

图 4-11　成像原理图

宽度的焦距：

$$f_{\text{Width}} = \frac{Dv}{H}$$

高度的焦距：

$$f_{\text{Height}} = \frac{Dh}{H}$$

镜头焦距：

$$f = \min\left(f_{\text{Width}}, f_{\text{Height}}\right)$$

其中，D 为镜头到目标实测距离；v 为图像宽度，即 CCD 传感器(靶面)宽度；h 为图像高度，即 CCD 传感器(靶面)高度；V 为目标实际宽度，H 为目标实际高度。

例 4.1　当选用 1/2″ 镜头时，图像尺寸为 $v = 6.4$ mm，$h = 4.8$ mm，镜头至景物距离 $D = 3500$ mm，景物的实际高度为 $H = 2500$ mm，计算焦距。

$$f_{\text{Width}} = \frac{Dv}{H} = \frac{3500 \times 4.8}{2500} = 6.72\ \text{mm}$$

$$f_{\text{Height}} = \frac{Dh}{H} = \frac{3500 \times 6.4}{2500} = 8.96\ \text{mm}$$

$$f = \min\left(f_{\text{Width}}, f_{\text{Height}}\right) = 6.72\ \text{mm}$$

故选用 6 mm 定焦镜头即可。

常用工业相机 CCD 传感器(靶面)尺寸大小 1/4 inch(3.2 mm × 2.4 mm)、1/3 inch(4.8 mm × 3.6 mm)、1/2 inch(6.4 mm × 4.8 mm)、2/3 inch(8.8 mm × 6.6 mm)、1 inch(12.8 mm × 9.6 mm)、1.1 inch(12 mm × 12 mm)、1/1.8 inch(7.2 mm × 5.4 mm)。

例 4.2　被测物体尺寸为 100 mm × 100 mm，精度要求为 0.1 mm，相机距被测物体在 200 mm～400 mm 之间，请选择选择合适的相机和镜头。

(1) 像素数：

$$E=\frac{\text{物体宽度}}{\text{精度}}=\frac{100\ \text{mm}}{0.1\ \text{mm}}=1000$$

故相机长边和短边的像素数都要大于 1000。

根据估算的像素数目，分辨率为 1392 × 1040 dpi，像元尺寸为 6.45 mm。确定了相机分辨率和像素大小，就可以计算出芯片尺寸；芯片尺寸除以视野范围(FOV)就等于镜头放大率 β。选择 CCD 相机靶面尺寸 2/3 英寸(8.8 mm × 6.6 mm)。

镜头放大率：

$$\beta=\frac{\text{CCD 相机元素尺寸}}{\text{视场实际尺寸}}=\frac{6.6\ \text{mm}}{100\ \text{mm}}=0.066$$

精度：

$$\mu=\frac{\text{像素尺寸}}{\text{放大率}}=\frac{0.00645}{0.066}=0.098\ \ \text{mm}$$

因此，满足精度为 0.1 mm 的要求。

(2) 镜头焦距：

相机到物体的距离为 200 mm～400 mm，考虑到镜头本身的尺寸，可假定物体到镜头的距离为 200 mm～320 mm，取中间值，则系统的物距为 260 mm。

$$f_{\text{Width}}=\frac{Dv}{H}=\frac{200\times 8.8}{100}=17.6\ \text{mm}$$

$$f_{\text{Height}}=\frac{Dh}{H}=\frac{200\times 6.6}{100}=13.2\ \text{mm}$$

$$f=\min\left(f_{\text{Width}},f_{\text{Height}}\right)=13.2\ \text{mm}$$

则镜头可选择其光圈数从 F1.4 到 F16。

尽管照相机、分析软件和照明对于机器视觉系统都十分重要，但镜头仍然是最关键的元件之一。系统若想完全发挥其功能，则镜头必须满足要求，系统才稳定可靠。

4.4　工业相机数据传输接口及协议

随着机器视觉需求的猛增，厂商推出了各种各样的工业相机。工业相机的接口负责相机与外界互联，延伸了工业相机的功能，常用的工业相机接口有 BNC、USB、1394、GigE Vision、CameraLink 等。各种相机接口的速度、长度、供电、接口、线缆数关系的雷达图，如图 4-12 所示。

1. BNC 接口

BNC(Bayonet Nut Connector，卡扣配合型连接器)接口是一种细同轴电缆连接器。模拟相机以 BNC 接口为主，虽然模拟相机与数字相机的精度相差很大。BNC 接口要使用屏蔽电缆，具有传送距离长、信号稳定的优点。因此，BNC 接口在低端领域的视觉应用中还有一定的市场。

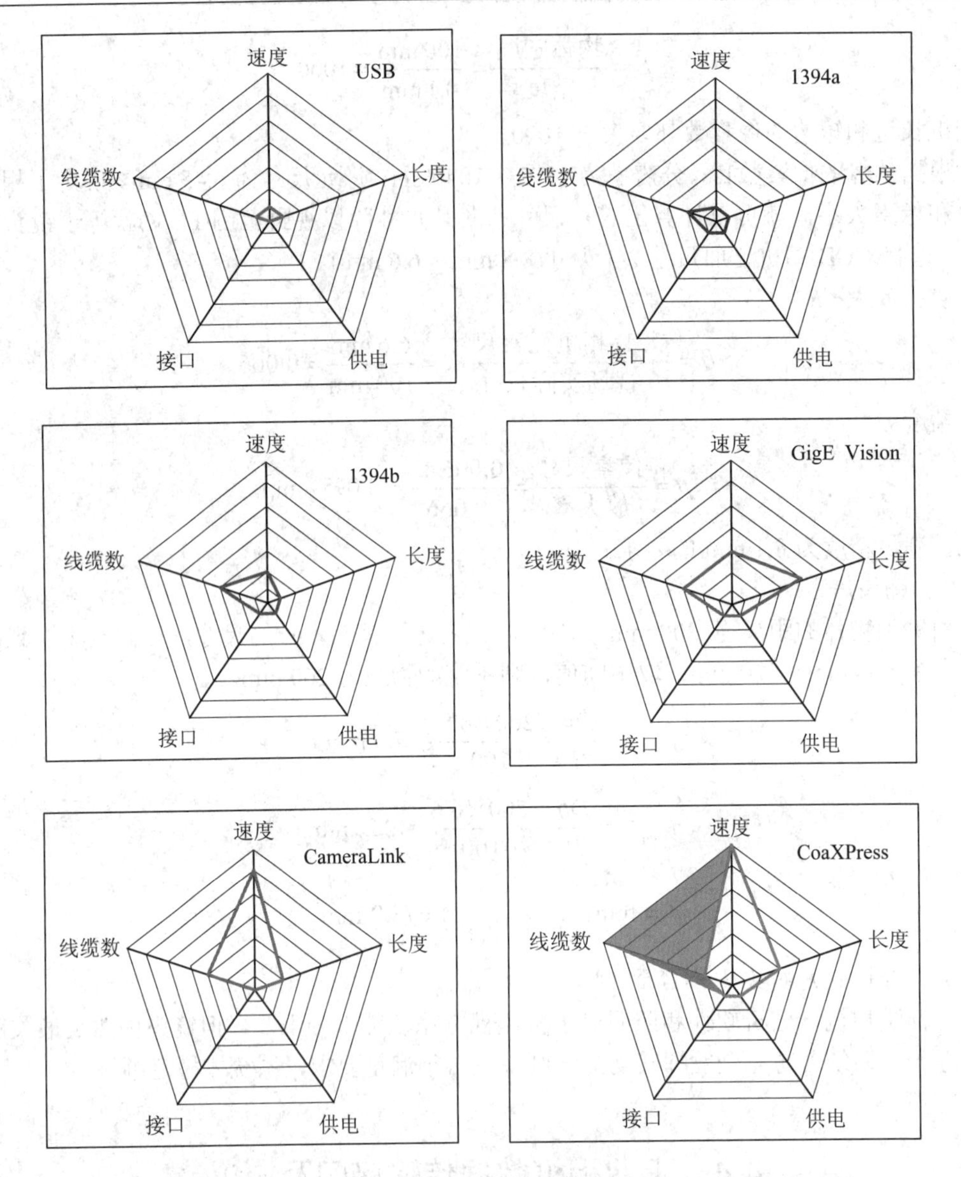

图 4-12　各种相机接口的速度、长度、供电、接口、线缆数关系的雷达图

2. USB 接口

USB(Universal Serial Bus，通用串行总线)接口是 1994 年由 Intel、Compaq、IBM、Microsoft 等公司联合推出的一个外部总线标准。

USB 接口有 4 针头，其中电源线和信号线各 2 根。由 USB 连接的外围设备最多可达 127 个，共 6 层，即从主装置开始可经由 5 层集线器进行菊花连接。两个外设间最长通信距离为 5 m，即 USB 2.0 单根最长 5 m，加上中继可达 30 m。USB 1.1 数据传输率达到 12 Mb/s，支持同步和异步的数据传输模式；USB 2.0 数据传输率达到 120～480 Mb/s，且兼容 USB 1.1。

使用 USB 接口的相机都是数字相机，可直接输出数字图像信号。USB 接口使用方便，应用广泛，多应用于民用设备上，但 USB 接口没有工业图像传输标准、丢包率严重、传输距离短、稳定性差，不利于在工业现场布线。

USB 接口有 4 种数据传送方式：

(1) 等时传输方式：带宽和间隔时间固定，但在传送数据发生错误时，USB 并不处理这些错误，而是继续传送新的数据。

(2) 中断(Interrupt)传输方式：传输数据量小，可满足实时需求。

(3) 控制(Control)传输方式：双向传输但数据量较小。

(4) 批(Bulk)传输方式：数据传输质量高，可用于数据传输要求高的传输。

在上述数据传输方式中，除等时传输方式外，其他 3 种方式在数据传输发生错误时，都会试图重新发送数据以保证其准确性。虽然 USB 2.0 使用便捷，但 USB 2.0 没有标准协议和主从(Master-salve)结构，CPU 占用率高，带宽无法保证，因此并不是工业相机的最佳选择。

3. 1394 接口

1394 接口(又称为 FireWire，火线)是 1986 年由 Apple 公司注册的商标。1995 年，美国电气和电子工程师协会(IEEE)将其指定为 IEEE 1394 标准，简称 1394。1394 接口是目前最快的、支持即插即用的高速串行接口，适合传输数字图像，且成本低廉。主流操作系统都支持 IEEE 1394 设备。

IEEE 1394 接口分为 IEEE 1394a 和 IEEE 1394b。IEEE 1394b 是 IEEE 1394a 技术的向下兼容性扩展。IEEE 1394a 的指标参数如下：最高传输速率为 400 Mb/s、最大传输距离为 4.5 m、无需控制器可实现对等传输、最多支持 63 个设备、内部电源供应为 1.25 A/12 V、支持 100 Mb/s、200 Mb/s、400 Mb/s 的传输速率；IEEE 1394b 的指标参数如下：可使用新的媒介(如 CAT5 cable、石英光纤、塑胶光纤)、可实现 800 Mb/s 和 1.6 Gb/s 传输速率的高速通信方式、最大传输距离为 10 m，且在降低数据传输速率的情况下可延伸到 100 m、最多支持 63 个设备等。

由于 1394 接口推出初期采用收费制，因此，影响了其应用的广泛性，支持厂商越来越少，预计未来会被淘汰。

总之，IEEE 1394 具有宽带、支持热插拔、点对点的通信方式、支持 DMA，且不占用 CPU 等特点，为数据传输提供了保障。

4. GigE Vision 接口

GigE Vision 由自动化成像协会(Automated Imaging Association，AIA)创建并推广，是一种基于千兆以太网通信协议开发的相机接口标准，其数据传输快捷，最远可达 100 m 的传输距离[28]，适于工业成像应用。在工业机器人视觉应用中，GigE Vision 允许用户在很长距离上用标准线缆进行快速图像传输[29]。

GigE Vision 是基于 UDP 协议传输的，高带宽(1000 Mb/s)，有效带宽 100 Mb/s；单根网线传输距离 100 m，标准的 Gigabit Ethernet 硬件允许单个/多个相机连接到一台/多台电脑。价格低廉的线缆(CAT5e 或者 CAT6e)和标准的连接器，可以很容易进行集成，而且集成费用很低，具备较高的可升级性，可适应网络带宽的增长。由于 10 GigE 变成主流，因此 GigE Vision 将会成为工业中最快的连接。

千兆以太网技术采用了与 10 M 以太网相同的帧格式、帧结构、网络协议、全/半双工工作方式、流量控制模式及布线系统，并且不改变传统以太网的桌面应用和操作系统，因此，10 M 或 100 M 的以太网升级到千兆以太网不必改变网络应用程序和网络操作系统，升级成本低。千兆以太网具有简易性、扩展性、可靠性、经济性、可管理维护性等特点，使得 GigE Vision 接口方式必然成为发展的主流。

5. CameraLink 接口

CameraLink 协议是 2000 年美国 NI 及摄像头供应商公司联合推出的[30]，该协议是一种专门针对机器视觉应用领域的工业高速串口数据和连接标准，旨在简化图像采集接口，方便高速数字相机和数据采集卡的连接。CameraLink 接口从 ChannelLink 技术发展而来，在 ChannelLink 标准的基础上增加了 6 对差分信号线、4 对并行传输相机控制信号、2 对相机和图像采集卡(或其他图像接受处理设备)之间的串行通信。

CameraLink 标准的相机信号分为相机电源信号、视频数据信号、相机控制信号、串行通信信号四种。

1) 视频数据信号

视频数据信号是 Camera Link 的核心，主要包括 5 对差分信号。视频部分发送端将 28 位的数据信号和 1 个时钟信号，按 7∶1 的比例将数据转换成 5 对差分信号；接收端使用 Channel Link 芯片将 5 对差分信号转换成 28 位的数据信号和 1 个时钟信号。28 位数据信号是指 4 位视频控制信号(即帧同步信号、行同步信号、数据有效信号和图像的像素时钟信号)和 24 位图像数据信号。

视频控制信号的有效性为：当帧同步信号(FVAL)为高时，表示相机正输出一帧有效数据；当行同步信号(LVAL)为高时，表示相机正输出一个有效的行数据；当数据有效信号(DVAL)为高并且 LVAL 为高时，表示相机正输出有效的数据，该信号可用可不用，也可以作为数据传输中的校验位；为保持图像数据稳定，在行有效期内像素时钟的上升沿，图像的像素时钟信号(CLOCK)有效。

2) 相机控制信号

CameraLink 标准定义了 4 对 LVDS 线缆用来实现相机控制，被定义为相机的输入信号和图像采集卡的输出信号。

3) 串行通信信号

CameraLink 标准定义了 2 对 LVDS 线缆用来实现相机与图像采集卡之间的异步串行通信控制。相机和图像采集卡至少应该支持 9600 的波特率。这两个串行信号为 SerTFG(相机串行输出端至图像采集卡串行输入端)和 SerTC(图像采集卡串行输出端至相机串行输入端)。

4) 相机电源信号

相机电源通过一个单独的连接器提供，并不由 CameraLink 连接器提供。其通信格式为 1 位起始位、8 位数据位、1 位停止位、无奇偶校验位和握手位。

6. CoaXPress 接口

CoaXPress(CXP)接口标准是在 2009 年斯图加特的 VISION 展会上推出的，是一种非对称的高速点对点串行通信数字接口标准。该标准容许设备通过单根同轴电缆连接到主机，

CXP-6 版具有每根缆线高达 6.25 Gb/s 的高速下行链路和 20 Mb/s 的上行链路，并且 CXP 也支持供电模式(Power Over Coax)和热插拔，为系统开发者提供长达 100 m 的同轴电缆，便于相机和计算机之间连接。

在高性能、高速度、长距离图像系统应用领域的接口标准选择方面，CoaXPress 巧妙地迎合了摄像机技术的最新发展。

总之，工业相机有多种类型的接口，而各种接口各有利弊，使用时应合理选择，才可确保机器视觉系统正常工作。

第五章　C# 软件及 Halcon、OpenCV

5.1　C++ 和 C# 语言概述

1. C++ 语言概述

世界上第一种计算机高级语言是诞生于 1954 年的 FORTRAN 语言。1970 年，美国电话电报公司(AT&T)Bell 实验室的 D.Ritchie 和 K.Thompson 共同发明了 C 语言，研制 C 语言的初衷是用于编写 UNIX 系统程序。1979 年，Bell 实验室的 Bjame Sgoustrup 开始将 C 语言改良为带类的 C 的开发工作，1983 年被正式命名为 C++ 语言。C++ 语言是 C 语言的继承，它既可以进行 C 语言的过程化程序设计，又可以进行以抽象数据类型为特点的基于对象的程序设计。

运行 C++ 语言程序需要编译程序和链接程序两步。编译程序是编译器将 C++ 语句转换成机器码(也称为目标码)。链接程序是链接器将编译获得的机器码与 C++ 库中的代码进行合并。

C++ 语言的程序属于编译型程序。运行 C++ 语言的程序需要两步：第一步是编译程序。编译器将 C++ 语句转换成机器码；第二步是链接程序。链接器将编译获得机器码与 C++ 库中的代码进行合并。

C++ 语言被公认为功能最强大的程序之一，它具有以下特点：

1) 支持数据封装和数据隐藏

在 C++ 语言中，类是支持数据封装的工具，对象是数据封装的实现。C++ 语言通过建立用户定义类支持数据封装和数据隐藏。在面向对象的程序设计中，将数据和对该数据进行合法操作的函数封装在一起作为一个类。对象为具有一个给定类的变量。每个给定类的对象包含这个类所规定的若干私有成员、公有成员及保护成员。类一旦建立，就可看成完全封装的实体，而作为一个整体单元使用。类的实际内部工作隐藏起来，用户不需要知道类是如何工作的，只要知道如何使用即可。

2) 支持继承和重用

在 C++ 语言中现有类的基础上可以声明新类型，即支持继承和重用。通过继承和重用，可以更有效地组织程序结构，明确类间的关系，并且充分利用已有的类来完成更复杂、深入的开发。新定义的类为子类，称为派生类，可以从父类继承所有非私有的属性和方法，作为自己的成员。由于存在继承性，因此这些对象共享许多相似的特征。

3) 支持多态性

采用多态性为每个类指定表现行为。多态性形成由父类及其子类组成的一个树型结构。在树中的子类可以接收一个或多个具有相同名字的消息。当消息被树中一个类的一个对象接收时，这个对象动态地决定给予子类对象的消息的某种用法。

2. C# 语言概述

C# 语言(读为 C Sharp)是微软公司发布的一种面向对象的、运行于.NET Framework 之上的高级程序设计语言[31]，其是由 C 语言和 C++ 语言衍生出来的面向对象的编程语言，具有安全、稳定、简单、优雅等特点。在继承 C 语言和 C++ 语言强大功能的同时，去掉了一些复杂特性(如没有宏、不允许多重继承)。C# 语言综合了 VB 简单的可视化操作和 C++ 语言的高运行效率，因其强大的操作能力、优雅的语法风格、创新的语言特性和便捷的面向组件编程的支持，成为.NET 开发的首选语言。

在 C# 语言中类的声明与 C++ 语言相似，但 C# 语言结构体与类不支持继承多个父类。一个基本的 C# 语言类中包含数据成员、属性、构造器和方法。C# 语言源程序的编译不是被编译成二进制可执行形式，而是编译成中间代码(Intermediate Language，IL)，再通过.NET Framework 的虚拟机通用语言执行层(Common Language Runtime，CLR)执行。C#语言中存在预编译指令，支持条件编译、警告、错误报告和编译行控制。C# 语言拥有丰富的基本数据类型，包括 bool、byte、ubyte、short、ushort、int、uint、long、ulong、float、double、decimal 等，这些类型有固定大小和符号类型。

C# 语言程序需要.NET 运行库作为基础，而.NET 运行库作为 Windows 的一部分，在一些版本较旧的 Windows 平台上不能运行。C# 语言能够使用的组件或库只有 .NET 运行库等有限的选择，没有丰富的第三方软件库支持。

相比而言，C++ 语言的设计目标是低级的、与平台无关的面向对象的编程，C# 语言则是一种高级的面向组件的编程语言。C# 语言不再处理细微的控制，而是让架构来处理这些重要的问题。两者各有优势，可根据需求合理选择。

5.2 Halcon 简介

5.2.1 Halcon 基础

Halcon 是德国 MVtec 公司开发的一套完善的、标准的机器视觉算法包，拥有广泛的机器视觉集成开发环境[32]。其应用范围广泛，只要用得到图像处理的地方，就可以用 Halcon 强大的计算分析来完成工作，涵盖医学、遥感探测、监控，再到工业上的各类自动化检测，如宇宙航空和太空旅行、汽车零部件制造、制陶业、电子元件和设备、玻璃制造和生产、身体健康和生命科学、精密工程和光学、保安监控及通信等。

1. Halcon 的特点

Halcon 具有如下特点：

(1) 功能模块丰富：Halcon 由一千多个各自独立的函数，以及底层的数据管理核心构成，包含了各类滤波、数学转换、形态学计算分析、校正、分类辨识、形状搜寻等计算功能。

(2) Halcon 与硬件独立：Halcon 支持绝大部分图像采集卡，为百余种工业相机和图像采集卡提供接口，包括 GenlCam、GigE 和 TEEE 1394，从而确保了硬件的独立性。即使是尚未支持的相机，除了可以轻易地抓取影像，还可利用 Halcon 开放性的架构，自行撰写 DLL 文件和系统连接。

(3) 支持多种操作系统和编程语言：Halcon 支持 Windows 操作系统、Linux 系统和 Mac OSX 系统，Halcon 整个函数库可以用 C、C++、C#、Visual Basic 和 Delphi 等多种普通编程语言访问。

(4) 资源需求小：使用 Halcon 设计人机接口时没有特别的限制，可以完全使用开发环境下的程序语言架构自己的接口，对执行作业机器的资源要求不高。

(5) 易于开发：为了提高开发视觉系统的效率，Halcon 包含了一套交互式的程序设计接口 HDevelop，可以用 Halcon 程序代码直接编写、修改、执行程序，并且可以查看计算过程中的所有变量。设计完成后，可以直接输出 C、C++、COM、VB 语言等程序代码，并嵌入到程序中。HDevelop 同时和数百个范例程序连接，可以依据不同的类别找到应用的范例，方便参考。

(6) 紧跟前沿：Halcon 提供了极为突出的新技术，如三维表面比较，即将一个三维物体的表面形状测量结果与预期形状进行比较。Halcon 提供的所有三维技术(如多目立体视觉)，都可用于表面重构，支持直接通过现成的三维硬件扫描仪进行三维重构。另外，Halcon 现在还支持许多三维目标处理的方法，如点云的计算和三角测量、形状和体积特征计算、点云分割等。自动算子并行处理技术是 Halcon 的一个独特性能。Halcon 11 支持使用 GPU 处理进行机器视觉算法的算子超过 75 个，算子数量非常多。另外，基于聚焦变化的深度图像获取、快速傅立叶变换和 Halcon 在速度方面有明显优势。

2. Halcon 的语法结构特点

Halcon 的语法结构类似于 Visual Basic，大部分的语句是 Halcon 提供的算子，也包含了少部分的控制语句，Halcon 不允许单独声明变量，提供了自动的内存管理机制。

Halcon 可与 C#、C++ 语言实现交互的模式有：

(1) 算子模式：以 C# 为例，默认导出为算子型的语法结构，而非面向对象的；在此模式下，全部函数声明为全局类型，数据类型只需要用 Hobject、HTuple 两种类型进行声明。

(2) 面向对象模式：以面向对象的方式重写代码。

3. Halcon 的数据类型

Halcon 支持的数据类型有控制变量、图形、数组及句柄。数组可以用一个变量传递多个对象，可以由重载后的函数来处理。不同类型数组的下标起始值有所差异，图形数组的下标从 1 开始，控制变量数组下标从 0 开始。句柄不能是常量，可用来描述窗体、文件等。在 Halcon 的参数中，参数包括图形参数和控制系数。

1) 图形参数 Iconic

图形参数 Iconic 主要包括 Image、Regions 和 XLD 三个参数。

(1) Image。

在 Halcon 中，Image = Channel + Domain，像素点存放在 Channel 矩阵中，根据 ROI 来描述 Image。

Image 相关操作有输入(文件或设备)、生成(外部图像数据、空内存区域)、显示、缩放。显示主要有图像首通道灰度图(disp_image)、彩色图(disp_color)、某特定通道(disp_channel)、自动判别类别(disp_obj)。缩放主要有设置显示区域(set_part)、设置显示参数(set_part_style)。

(2) Regions。

Regions 以行列坐标形式储存，并有广泛的应用。其特点是高效，可利用同态算子，如用阈值对图像分割结果。

(3) XLD。

图像均用像素点保存，而像素点是整型的、不连续的，Halcon 做了拓展，定义了亚像素(Subpixel)描述几何轮廓的对象：XLD(Extended Line Description)，主要用在亚像素测量的背景下，可用于提取边缘、构建轮廓等应用，另外，在模板匹配、图形校准等多方面有重要的应用。

2) 控制参数 Control

控制参数 Control 包括 string、integer、real 和 handle 四个参数。

String 类型变量由单引号括起来，此外还有一些特殊字符；Boolean 型变量包括 true(1)、false(0)。但绝大多数的 Halcon 函数接受字符串型的表达 ‘true’、‘false’，而非逻辑型表达。此外，Halcon 支持的类型还包括图形数组、控制变量数组及句柄。

4. Halcon 的基本语句

1) 赋值语句

赋值语句是 Halcon 中最基础的语句，其中 Assign 算子为赋值语句，对数据赋值，如 Assign(Input, Result)。

Input 为输入参数；Result 为赋值结果。Assign 的使用如图 5-1 所示。

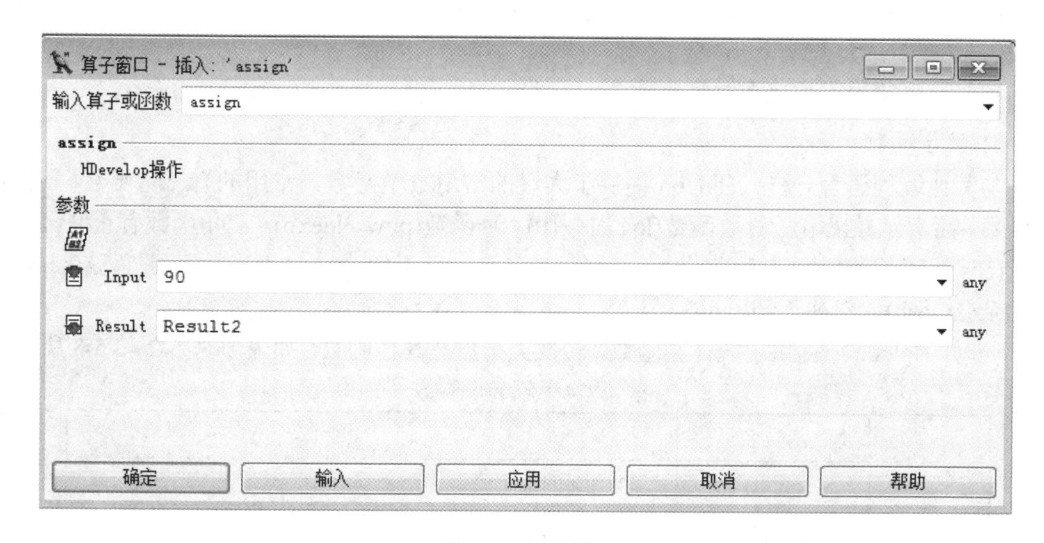

图 5-1　算子窗口

运行结果如图 5-2 所示。

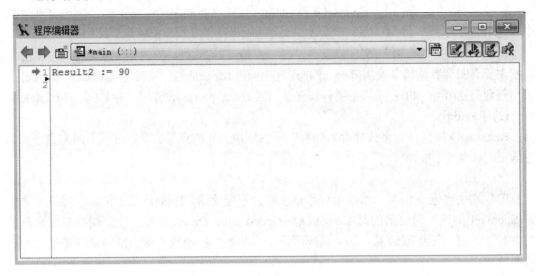

图 5-2　程序编辑器输出结果

2) 运算符

Halcon 包含了基本的算术运算、位运算、字符串操作、比较操作符、逻辑操作符及数学函数等。

算术运算有加(+)、减(–)、乘(*)、除(/)、取余(%)、取负(–)。

位运算有左移(lsh(i, i))、右移(rsh(i, i))、位与(i band i)、位或(i bor i)、位异或(i bxor i)、取反(bnot i)。

字符串操作有字符串转换、字符串分割(tuple_split)、获取字符串长度(tuple_strlen)、正向查找子字符传(tuple_strstr)、反向查找子字符传(tuple_strrstr)、反向查找字符(tuple_strrchr)、正向查找字符(tuple_strchr)、连接字符串(+)、选择一个字符(s{i})、选择一个子串(s{i:i})。

比较操作符可以用于所有比较的数据类型，都是双目操作，有小于(<)、大于(>)、小于或等于(<=)、大于或等于(>=)、等于(=)、不等于(!=)。

逻辑运算符用于连接布尔型表达式，有非(not)、与(and)、或(or)、异或(xor)。

3) 数学函数

与其他编程语言一样，Halcon 提供了大量的常用数学函数，常用的有三角函数、双曲线函数、指数函数(exp)、对数函数(log、log10)、幂函数(pow、ldexp)。三角函数有正弦(sin)、余弦(cos)、正切(tan)、反正弦(asin)、反余弦(acos)、反正切(atan、atan2)、双曲正弦(sinh)、双曲余弦(cosh)、双曲正切(tanh)。

同时，Halcon 还提供了统计类函数、转换类函数及其他函数，如表 5-1、5-2 和 5-3 所示。

表 5-1　统计类函数

	函数名	功　能
1	min(t)	求数组 t 的最小值
2	max(t)	求数组 t 的最大值
3	min2(t1, t2)	求数组 t1 和 t2 对应元素的最小值

续表

	函数名	功　能
4	max2(t1, t2)	求数组 t1 和 t2 对应元素的最大值
5	find(t1, t2)	在 t1 中找出与 t2 完全相同数组的位置
6	sum(t)	所有元素和字符串连接
7	cumul(t)	数组中每个索引前所有元素和的累计
8	mean(a)	均值
9	deviation(a)	标准方差
10	sqrt	开平方

表 5-2　转换类函数

	函数名	功　能
1	deg(a)	将弧度(radians)转换为度数(degrees)
2	rad(a)	将度数(degrees)转换为弧度(radians)
3	real(a)	将整数(integer)转换为实数(real)
4	int(a)	将实数(real)转换为整数(integer)
5	round(a)	将实数(real)四舍五入转换为整数(integer)
6	number(v)	将字符串(string)转换为数值(number)
7	chrt(i)	将数组中数值(number)转换为字符数值(string)
8	chr(a)	将字符(character)转换为数值(ASCII number)

表 5-3　常用数学运算函数

	函数名	功　能
1	rand(i)	在[0, 1]间创建随机数
2	sgn(a)	获取数组中的符号
3	abs(a)	绝对值
4	fabs(a)	实数绝对值
5	ceil(a)	不小于 a 的最小整数
6	floor(a)	不大于 a 的最小整数
7	fmod(a1, a2)	a1 除以 a2 的余数，符号与 a1 一致
8	sort(t)	按升序排序
9	sort_index(t)	获取升序排序的相应索引
10	median(t)	获取数组的中值(Median value)
11	uniq(t)	删除相邻值相同的元素
12	inverse(t)	倒置 t 中元素的顺序

续表

	函数名	功　　能
13	subset(t1, t2)	选择 t2 中索引提取 t1 中相应的元素
14	remove(t1, t2)	删除 t2 中索引提取 t1 中相应的元素
15	ord(a)	获取字符串的 ASCII 值
16	ords(s)	获取字符串的 ASCII 值
17	is_number(v)	判断变量是否为数值，用于条件类语句中

4) 数组

数组是 Halcon 常用的变量，常用数组操作有创建数组、添加数组元素、连接数组、删除数组元素等。

(1) 创建数组。利用 Halcon 算子创建数组常用的方法有两种。

第一种方法是创建指定长度且元素相同的数组，并利用 tuple_gen_const 算子初始化。

```
tuple_gen_const(Length, Const, Newtuple)
```

其中，Length 为数组的长度；Const 为初始化的常数；Newtuple 为所产生数组的命名。

例 5.1　创建一个长度为 10，元素为 6 的数组 Newtuple。

```
tuple_gen_const(10, 6, Newtuple)
```

运行结果为：

```
Newtuple [6, 6, 6, 6, 6, 6, 6, 6, 6, 6]
```

第二种方法是创建不同元素的数组，需要借助循环语句对数组中的每一个元素赋值。

例 5.2　创建 10 个不同元素的数组。

```
tuple := []                    //创建空数组
for i := 1 to 10 by 1          //建立步长为 1 的循环
    tuple := [tuple,i*i]       //将 i 方的值赋给数组的第 i 个元素
endfor                         //循环结束
```

运行结果为：

```
1, 49, 16, 25, 36, 49, 64, 81, 100
```

(2) 添加数组元素。在实际应用中，经常向数组中添加元素。通过 Tuple_insert 算子实现数组元素的添加，其形式如下：

```
Tuple_insert(Tuple, Index, InsertTuple,Extended)      //编辑形式
```

例 5.3

初始化数组 OriginalTuple：

```
OriginalTuple:= [0, 1, 2, 3, 4, 5]
```

向数组 OriginalTuple 的第 3 个位置插入字符 x(索引从 0 开始)：

```
tuple_insert(OriginalTuple, 3, 'x', InsertSingleValueA)
```

向数组 OriginalTuple 的第 3 个位置插入字符 x：

```
InsertSingleValueB:= insert(OriginalTuple, 3, 'x')
```

向数组 OriginalTuple 的第 1 个位置插入字符 y, z：

tuple_insert(OriginalTuple, 1, ['y', 'z'], InsertedMultipleValuesA)

向数组 OriginalTuple 的第 1 个位置插入字符 x：

InsertedMultipleValuesB:= insert(OriginalTuple, 1, ['y', 'z'])

向数组 OriginalTuple 的第 6 个位置插入字符 x, y, z：

tuple_insert(OriginalTuple ,6, ['x', 'y', 'z'],AppendedA)

向数组 OriginalTuple 的第 6 个位置插入字符 x, y, z：

AppendedB:= insert(OriginalTuple, 6, ['x', 'y', 'z'])

数组常用操作有连接、计算长度、提取元素、删除元素等操作，如表 5-4 所示。

表 5-4　基本数组操作

	数组操作	说　明	对应的算子
1	t:= [t1, t2]	将 t1、t2 连接成新的数组	tuple_contact
2	i:= |t|	获得数组长度	tuple_length
3	v:= t[i]	选取第 i 个元素	tuple_select
4	t:= t[i1:i2]	选取 i1 到 i2 的元素	tuple_select_range
5	t:=remove(t, i)	去除数组 t 中的第 i 个元素	tuple_remove
6	i:=find(t1, t2)	找到 t2 数组在 t1 数组中出现位置索引	tuple_find
7	t:=uniq(t)	t 数组中，连续相同的值只保留一个	tuple_uniq

5. Halcon 结构语句

Halcon 结构语句有顺序结构语句、循环结构语句和分支结构语句。

(1) 顺序结构语句。Halcon 程序是以顺序结构语句为主，即先执行第一条语句，接着是第二条、第三条……一直到最后一条语句，这称为顺序结构语句。

(2) 循环结构语句。循环结构语句用于执行重复的语言，循环结构语句有三种形式：

① for ... endfor；　本语句条件不满足，循环体不执行；满足条件才执行。

② while ... endwhile；本语句条件不满足，循环体不执行；满足条件才执行。

③ repeat ... until；本语句的循环体至少被执行一次，直到满足条件时退出。

(3) 分支结构语句。分支结构语句根据给定的条件判断，以决定执行哪个分支程序段。分支结构语句有：

① if ... endif；根据条件是否成立，决定是否执行代码，用于两分支结构中。

② if ... else ... endif；根据条件是否成立，决定是否执行代码，用于两分支结构中。

③ if ... elseif ... else ... endif；本语句主要用于多分支结构中。

此外，还有一些关键词可用来控制语句执行顺序，改变程序结构顺序，常用的有 break(终止程序循环而执行循环后的语句)、continue(跳出循环体中剩余的语句，而强制执行下一次循环)、return(返回)、exit(终止 Halcon 程序并退出)、stop(终止后面的循环)。

5.2.2　Halcon 算子

从狭义上讲，算子是一个函数空间到另一个函数空间的映射。从广义上讲，算子是指对任何函数进行某项操作。

Halcon 提供了大量便于操作的算子，常见的算子有分类算子、控制算子、Develop 算子、文件操作算子、滤波算子、图形算子、图像算子、线算子、匹配算子、3D 匹配算子、Morphology 算子、光字符识别算子、对象算子、区域算子、分割算子、系统算子、工具算子、数组算子、图形变量算子等几十类算子。

5.3 OpenCV

5.3.1 OpenCV 的特点

1999 年，Intel 研究中心开发的 OpenCV 公布，是一个基于 BSD(Berkly Software Distribution)许可的开源发行的跨平台计算机视觉库[33]。在 Intel 工作的 OpenCV 团队发现许多顶尖大学中的研究组拥有内部使用的开放计算机视觉库，以方便学生间互相传播学习，帮助新生从高的起点开始计算机视觉研究，从而使得学者不用从底层写基本函数，而在某些基础上继续开始研究。因此，OpenCV 的目的是开发一个普通可用的计算机视觉库。在 Victor Eruhimov 及 Intel 团队帮助下，OpenCV 实现了一个核心代码及算法，并发给 Intel 俄罗斯的库团队，即 OpenCV 的诞生之地。俄罗斯团队的主要负责人是 Vadim Pisarevsky，负责管理项目、写代码并优化 OpenCV 的代码。

与 Halcon 最大的区别在于，OpenCV 是开源的计算机视觉库，采用 C/C++ 语言编写，可运行在 Linux/Windows/Mac 等操作系统上，还提供了 Python、Ruby、MATLAB 以及其他语言的接口。OpenCV 的设计目标是构建一个简单易用的计算机视觉框架，以帮助开发人员更便捷地设计更复杂的计算机视觉相关应用程序。OpenCV 包含的函数有 500 多个，覆盖了计算机视觉的许多应用领域，如工厂产品检测、医学成像、信息安全、用户界面、相机标定、立体视觉和机器人等。OpenCV 还提供了与计算机视觉和机器学习密切相关的机器学习库（Machine Learning Library，MLL），侧重于统计方面的模式识别和聚类。OpenCV 具有实时性强、函数多、应用广泛、紧跟前沿等优势，从而使得 OpenCV 在工程应用和科学研究领域前景广阔，在工业制造、视频监控、虚拟现实、游戏、航空航天等各领域应用广泛。

5.3.2 OpenCV 的构架

OpenCV 的构架包括基本结构、数组操作、动态结构、绘图函数、数据保存和运行时类型信息、错误处理和系统函数、图像处理、结构分析、运动分析、模式识别、相机标定和三维重建等模块。

1. 基本结构

(1) 二维坐标系下点的表示方法：

```
typedef struct CvPoint
{
    int x;          /* x 坐标, 通常以 0 为基点 */
    int y;          /* y 坐标, 通常以 0 为基点 */
}
```

```
CvPoint;
/* 构造函数 */
inline CvPoint cvPoint( int x, int y );
/* 从 CvPoint2D32f 类型转换得来 */
inline CvPoint cvPointFrom32f( CvPoint2D32f point )
```

(2) 二维坐标下点的表示方法(类型为浮点型)：

```
typedef struct CvPoint2D32f
{
    float x;        /* x 坐标，通常以 0 为基点*/
    float y;        /* y 坐标，通常以 0 为基点*/
}
CvPoint2D32f;
/* 构造函数 */
inline CvPoint2D32f cvPoint2D32f( double x, double y );
/* 从 CvPoint 转换来 */
inline CvPoint2D32f cvPointTo32f( CvPoint point );
```

(3) 三维坐标下点的表示方法(类型为浮点型)：

```
typedef struct CvPoint3D32f
{
    float x;            /* x 坐标，通常基于 0 */
    float y;            /* y 坐标，通常基于 0 */
    float z;            /* z 坐标，通常基于 0 */
}
CvPoint3D32f;
/* 构造函数 */
inline CvPoint3D32f cvPoint3D32f( double x, double y, double z );
```

(4) 矩形框大小的表示方法(以像素为精度)：

```
typedef struct CvSize
{
    int width;          /* 矩形宽 */
    int height;         /* 矩形高 */
}
CvSize;
/* 构造函数 */
inline CvSize cvSize( int width, int height );
```

注意：构造函数的 cv 是小写！

(5) 以亚像素精度标量矩形框大小的表示方法：

```
typedef struct CvSize2D32f
{
```

```
    float width;        /* 矩形宽 */
    float height;       /* 矩形高 */
}
CvSize2D32f;
/* 构造函数*/
inline CvSize2D32f cvSize2D32f( double width, double height );
{
    CvSize2D32f s;
    s.width = (float)width;
    s.height = (float)height;
    return s;
}
```

(6) 矩形框的偏移和大小的表示方法：

```
typedef struct CvRect
{
    int x;          /* 方形的最左角的 x 坐标 */
    int y;          /* 方形的最上或者最下角的 y 坐标 */
    int width;      /* 宽 */
    int height;     /* 高 */
}
CvRect;
/* 构造函数*/
inline CvRect cvRect( int x, int y, int width, int height );
{
    CvRect os;
    os.x = x;
    os.y = y;
    os.width = width;
    os.height = heigth;
    reture os;
}
```

(7) 可存放在 1-，2-，3-，4-TUPLE 类型的捆绑数据的表示方法：

```
typedef struct CvScalar
{
    double val[4]
}
CvScalar;
/* 构造函数：用 val0 初始化 val[0]用 val1 初始化 val[1]，以此类推*/
inline CvScalar cvScalar( double val0, double val1, double val2, double val3);
```

```
{
    CvScalar    arr;
    arr.val[4] = {val0,val1,val2,val3};
    reture arr;}
/* 构造函数：用 val0123 初始化所有 val[0]...val[3] */
inline CvScalar cvScalarAll(double val0123 );
{
    CvScalar arr;
    arr.val[4] = {val0123, val0123, val0123, val0123,};
    reture arr;
}
/* 构造函数：用 val0 初始化 val[0]，用 0 初始化 val[1], val[2], val[3] */
inline CvScalar cvRealScalar( double val0 );
{
    CvScalar arr;
    arr.val[4] = {val0};
    reture arr;
}
http://doc.blueruby.mydns.jp/opencv/classes/OpenCV/CvScalar.html
```

(8) 迭代算法的终止准则的表示方法：

```
#define CV_TERMCRIT_ITER        1
#define CV_TERMCRIT_NUMBER    CV_TERMCRIT_ITER
#define CV_TERMCRIT_EPS         2
typedef struct CvTermCriteria
{
    int    type; /* CV_TERMCRIT_ITER 和 CV_TERMCRIT_EPS 二值之一，或者二者的组合*/
    int    max_iter;       /* 最大迭代次数 */
    double epsilon;       /* 结果的精确性 */
}
CvTermCriteria;
/* 构造函数 */
inline    CvTermCriteria    cvTermCriteria( int type, int max_iter, double epsilon );
/* 在满足 max_iter 和 epsilon 的条件下检查终止准则并将其转换，使得
type = CV_TERMCRIT_ITER + CV_TERMCRIT_EPS */
CvTermCriteria cvCheckTermCriteria(CvTermCriteria criteria,
double default_eps,int default_max_iters);
```

(9) 多通道矩阵的表示方法：

```
typedef struct CvMat
{
```

```
    int type;          /* CvMat 标识 (CV_MAT_MAGIC_VAL), 元素类型和标记 */
    int step;          /* 以字节为单位的行数据长度*/
    int* refcount;     /* 数据引用计数 */
    union
    {
        uchar* ptr;
        short* s;
        int* i;
        float* fl;
        double* db;
    } data;        /* data 指针 */
    #ifdef __cplusplus
    union
    {
        int rows;
        int height;
    };
    union
    {
        int cols;
        int width;
    };
    #else
    int rows;      /* 行数 */
    int cols;      /* 列数*/
    #endif
} CvMat;
```

(10) 多维、多通道密集数组的表示方法：

```
typedef struct CvMatND
{
    int type;          /* CvMatND 标识(CV_MATND_MAGIC_VAL), 元素类型和标号*/
    int dims;          /* 数组维数 */
    int* refcount;     /* 数据参考计数 */
    union
    {
        uchar* ptr;
        short* s;
        int* i;
        float* fl;
        double* db;
```

```
    } data; /* data 指针*/

    /* 每维的数据结构(元素号, 以字节为单位的元素之间的距离)是配套定义的 */
    struct
    {
        int size;
        int step;
    }
    dim[CV_MAX_DIM];
} CvMatND;
```

(11) 多维、多通道稀疏数组的表示方法：

```
typedef struct CvSparseMat
{
    int type;      /* CvSparseMat 标识 (CV_SPARSE_MAT_MAGIC_VAL), 元素类型和标号 */
    int dims;                /* 维数 */
    int* refcount;           /* 参考数量 - 未用 */
    struct CvSet* heap;      /* HASH 表节点池 */
    void** hashtable;        /* HASH 表：每个入口有一个节点列表，有相同的 "以 HASH 大小
                                为模板的 HASH 值" */
    int hashsize;            /* HASH 表大小 */
    int total;               /* 稀疏数组的节点数 */
    int valoffset;           /* 数组节点值在字节中的偏移 */
    int idxoffset;           /* 数组节点索引在字节中的偏移 */
    int size[CV_MAX_DIM];       /*维大小 */
} CvSparseMat;
```

(12) IPL 图像头的表示方法：

IPL 是 Image Processing Library 简写。IplImage 是 OpenCV 中 CxCore 部分基础的数据结构，用来表示图像。

```
typedef struct _IplImage
{
    int nSize;               /* IplImage 大小，=sizeof(IplImage)*/
    int ID;                  /* 版本 (=0)*/
    int nChannels;           /* 大多数 OpenCV 函数支持 1, 2, 3 或 4 个通道*/
    int alphaChannel;        /* 被 OpenCV 忽略 */
    int depth;      /* 像素的位深度：IPL_DEPTH_8U, IPL_DEPTH_8S, IPL_DEPTH_16U,
                       IPL_DEPTH_16S, IPL_DEPTH_32S, IPL_DEPTH_32F and IPL_DEPTH_64F
                       可支持*/
    char colorModel[4];      /* 被 OpenCV 忽略 */
    char channelSeq[4];      /* 被 OpenCV 忽略 */
```

```
    int dataOrder;        /* 0—交叉存取颜色通道,对三通道 RGB 图像,像素存储顺序为 BGR BGR
                             BGR ... BGR；1—分开的颜色通道，对三通道 RGB 图像，像素存储顺
                             序为 RRR...R GGG...G BBB...B。cvCreateImage 只能创建交叉存取图像*/
    int origin;                /* 0—顶－左结构, 1—底－左结构(Windows bitmaps 风格) */
    int align;                 /* 图像行排列 (4 or 8). OpenCV 忽略它，使用 widthStep 代替 */
    int width;                 /* 图像宽像素数 */
    int height;                /* 图像高像素数*/
    struct _IplROI *roi;       /* 图像感兴趣区域. 当该值非空只对该区域进行处理 */
    struct _IplImage *maskROI;   /* 在 OpenCV 中必须置 NULL */
    void   *imageId;             /* 同上*/
    struct _IplTileInfo *tileInfo;   /* 同上*/
    int imageSize;          /* 图像数据大小(在交叉存取格式下 imageSize=image -> height* image->
                               widthStep)，单位字节*/
    char *imageData;             /* 指向排列的图像数据 */
    int   widthStep;             /* 排列的图像行大小，以字节为单位 */
    int   BorderMode[4];         /* 边际结束模式，被 OpenCV 忽略 */
    int   BorderConst[4];        /* 同上 */
    char *imageDataOrigin;       /* 指针指向一个不同的图像数据结构(不是必须排列的)，是为
                                    了纠正图像内存分配准备的 */
}
IplImage;
```

(13) 不确定数组的表示方法：

```
typedef void CvArr;
```

CvArr* 仅仅是被用于函数的参数，用于指示函数接收的数组类型可以不止一个，如 IplImage*、CvMat*、CvSeq*。最终的数组类型是在运行时通过分析数组头的前 4 个字节判断的。

2. 数组操作

常用的数组操作有初始化、获取元素和数组子集、拷贝和添加、变换和置换、算术/逻辑/比较、统计、线性代数、数学函数、随机数生成、离散变换等。

1) 初始化

(1) 创建头并分配数据：

```
IplImage* cvCreateImage( CvSize size, int depth, int channels );
```

(2) 分配及初始化，且返回 IplImage 结构：

```
IplImage* cvCreateImageHeader( CvSize size, int depth, int channels );
```

(3) 释放头：

```
void cvReleaseImageHeader( IplImage** image );
```

(4) 释放头和图像数据：

```
void cvReleaseImage( IplImage** image );
```

(5) 初始化被用图分配的图像头：

IplImage*cvInitImageHeader(IplImage*image, CvSizesize, intdepth, int channels, int origin=0, int align=4);

(6) 制作图像的完整拷贝：

IplImage* cvCloneImage(const IplImage* image);

(7) 基于给定的值设置感兴趣通道：

void cvSetImageCOI(IplImage* image, int coi);

(8) 返回感兴趣通道：

int cvGetImageCOI(const IplImage* image);

(9) 基于给定的矩形设置感兴趣区域：

void cvSetImageROI(IplImage* image, CvRect rect);

(10) 释放图像的 ROI(感兴趣区域，Region of Interesting)：

void cvResetImageROI (IplImage*image);

(11) 返回图像的 ROI 坐标：

CvRect cvGetImageROI(const IplImage* image);

(12) 创建矩阵：

CvMat* cvCreateMat(int rows, int cols, int type);

(13) 创建新的矩阵头：

CvMat* cvCreateMatHeader(int rows, int cols, int type);

(14) 删除矩阵：

void cvReleaseMat(CvMat** mat);

(15) 初始化矩阵头：

CvMat *cvInitMatHeader(CvMat*mat, introws, intcols, inttype, Void*data = NULL, int step = CV_AUTOSTEP);

(16) 初始化矩阵头：

CvMat cvMat(int rows, int cols, int type, void* data=NULL);

(17) 创建矩阵拷贝：

CvMat* cvCloneMat(const CvMat* mat);

(18) 创建多维密集数组：

CvMatND* cvCreateMatND(int dims, const int* sizes, int type);

(19) 创建新的数组头：

CvMatND* cvCreateMatNDHeader(int dims, const int* sizes, int type);

(20) 删除多维数组：

void cvReleaseMatND(CvMatND** mat);

(21) 初始化多维数组头：

CvMatND* cvInitMatNDHeader(CvMatND* mat, int dims, const int* sizes, int type, void* data=NULL);

(22) 创建多维数组的完整拷贝：

CvMatND* cvCloneMatND(const CvMatND* mat);

(23) 缩减数组数据的参考计数：

void cvDecRefData(CvArr* arr);

(24) 增加数组数据的参考计数：

int cvIncRefData(CvArr* arr);

(25) 分配数组数据：

void cvCreateData(CvArr* arr);

(26) 释放数组数据：

void cvReleaseData(CvArr* arr);

(27) 指派用户数据给数组头：

void cvSetData(CvArr* arr, void* data, int step);

(28) 返回组数的底层信息：

void cvGetRawData(const CvArr* arr, uchar** data,   int* step=NULL, CvSize* roi_size=NULL);

(29) 从不确定数组返回矩阵头：

CvMat* cvGetMat(const CvArr* arr, CvMat* header, int* coi=NULL, int allowND=0);

(30) 从不确定数组返回图像头：

IplImage* cvGetImage(const CvArr* arr, IplImage* image_header);

(31) 创建稀疏数组：

CvSparseMat* cvCreateSparseMat(int dims, const int* sizes, int type);

(32) 删除稀疏数组：

void cvReleaseSparseMat(CvSparseMat** mat);

(33) 创建稀疏数组的拷贝：

CvSparseMat* cvCloneSparseMat(const CvSparseMat* mat)。

2) 获取元素和数组子集

(1) 根据输入的图像返回矩阵头：

CvMat* cvGetSubRect(const CvArr* arr, CvMat* submat, CvRect rect);

(2) 返回数组的行或在一定跨度内的行：

CvMat* cvGetRow(const CvArr* arr, CvMat* submat, int row);

CvMat* cvGetRows(const CvArr* arr, CvMat* submat, int start_row, int end_row, int delta_row=1);

(3) 返回数组的列或在一定跨度内的列：

CvMat* cvGetCol(const CvArr* arr, CvMat* submat, int col);

CvMat* cvGetCols(const CvArr* arr, CvMat* submat, int start_col, int end_col);

(4) 返回一个数组对角线：

CvMat* cvGetDiag(const CvArr* arr, CvMat* submat, int diag=0);

(5) 返回图像或矩阵 ROI 大小：

CvSize cvGetSize(const CvArr* arr);

(6) 初始化稀疏数线元素迭代器：

CvSparseNode*cvInitSparseMatIterator(constCvSparseMat*mat,

CvSparseMatIterator* mat_iterator);

(7) 初始化稀疏数线元素迭代器：

```
CvSparseNode* cvGetNextSparseNode( CvSparseMatIterator* mat_iterator );
```

(8) 返回数组维数和他们的大小或者殊维的大小：

```
int cvGetDims( const CvArr* arr, int* sizes=NULL ); int cvGetDimSize( const CvArr* arr, int index );
```

(9) 返回指向特殊数组元素的指针：

```
uchar* cvPtr1D( const CvArr* arr, int idx0, int* type=NULL );
uchar* cvPtr2D( const CvArr* arr, int idx0, int idx1, int* type=NULL );
uchar* cvPtr3D( const CvArr* arr, int idx0, int idx1, int idx2, int* type=NULL );
uchar* cvPtrND( const CvArr* arr, int* idx, int* type=NULL, int create_node=1, unsigned* precalc_hashval=NULL );
```

(10) 返回特殊的数组元素：

```
CvScalar cvGet1D( const CvArr* arr, int idx0 );
CvScalar cvGet2D( const CvArr* arr, int idx0, int idx1 );
CvScalar cvGet3D( const CvArr* arr, int idx0, int idx1, int idx2 );
CvScalar cvGetND( const CvArr* arr, int* idx );
```

(11) 返回单通道数组的指定元素：

```
double cvGetReal1D( const CvArr* arr, int idx0 );
double cvGetReal2D( const CvArr* arr, int idx0, int idx1 );
double cvGetReal3D( const CvArr* arr, int idx0, int idx1, int idx2 );
double cvGetRealND( const CvArr* arr, int* idx );
```

(12) 返回单通道浮点矩阵指定元素：

```
double cvmGet( const CvMat* mat, int row, int col );
```

(13) 修改指定的数组：

```
void cvSet1D( CvArr* arr, int idx0, CvScalar value );
void cvSet2D( CvArr* arr, int idx0, int idx1, CvScalar value );
void cvSet3D( CvArr* arr, int idx0, int idx1, int idx2, CvScalar value );
void cvSetND( CvArr* arr, int* idx, CvScalar value );
```

(14) 修改指定数组元素值：

```
void cvSetReal1D( CvArr* arr, int idx0, double value );
void cvSetReal2D( CvArr* arr, int idx0, int idx1, double value );
void cvSetReal3D( CvArr* arr, int idx0, int idx1, int idx2, double value );
void cvSetRealND( CvArr* arr, int* idx, double value );
```

(15) 返回单通道浮点矩阵的指定元素：

```
void cvmSet( CvMat* mat, int row, int col, double value );
```

(16) 清除指定数组元素：

```
void cvClearND( CvArr* arr, int* idx );
```

3) 拷贝和添加

(1) 将 A 数组拷贝到 B 数组：

```
void cvCopy( const CvArr* src, CvArr* dst, const CvArr* mask=NULL );
```

(2) 为数组的每个元素设置数值：

```
void cvSet( CvArr* arr, CvScalar value, const CvArr* mask=NULL );
```

(3) 清空数组：

```
void cvSetZero( CvArr* arr ); #define cvZero cvSetZero
```

4) 变换和置换

(1) 将数组中所有元素初始化：

```
void cvSetZero( CvArr* arr );
```

(2) 修改多维数组形状：

```
CvArr*cvReshapeMatND(const CvArr*arr,int size of_header,CvArr*header,int new_cn, int new_dims, int* new_sizes );
```

(3) 把 src 通道式填充到 dst 中：

```
void cvRepeat( const CvArr* src, CvArr* dst );
```

(4) cvFlip 直接从图像采集卡采集的图像 cvShowImage 是反着的图像，也就是说图像采集卡采集的图像是以左下角为原点的，而窗口显示的图像原点是左上角，相当于是关于 X 轴翻转了。在显示图像之前使用 cvFlip()函数将图像翻转。

```
void cvFlip( const CvArr* src, CvArr* dst=NULL, int flip_mode=0);
```

(5) cvSplit 分别复制每个通道到多个单通道图像：

```
void cvSplit( const CvArr* src, CvArr* dst0, CvArr* dst1, CvArr* dst2, CvArr* dst3 );
```

(6) 从几个单通道数组组合多通道数组：

```
void cvMerge( const CvArr* src0, const CvArr* src1, const CvArr* src2, const CvArr* src3, CvArr* dst );
```

5) 算术、逻辑和比较

(1) 利用搜索表转换数组：

```
void cvLUT( const CvArr* src, CvArr* dst, const CvArr* lut );
```

(2) 利用线性变换转换数组：

```
void cvConvertScale( const CvArr* src, CvArr* dst, double scale=1, double shift=0 );
```

(3) 使用线性变换转换输入数组元素为 8 位无符号整型：

```
void cvConvertScaleAbs( const CvArr* src, CvArr* dst, double scale=1, double shift=0 );
```

(4) 计算两个数中每个元素的和：

```
void cvAdd( const CvArr* src1, const CvArr* src2, CvArr* dst, const CvArr* mask = NULL );
```

(5) 计算数量和数组的和：

```
void cvAddS( const CvArr* src, CvScalar value, CvArr* dst, const CvArr* mask=NULL );
```

(6) 计算两数组的加权值的和：

```
void cvAddWeighted( const CvArr* src1, double alpha, const CvArr* src2, double beta, double gamma, CvArr* dst );
```

(7) 计算两个数组每个元素的差：

```
void cvSub( const CvArr* src1, const CvArr* src2, CvArr* dst, const CvArr* mask = NULL );
```

(8) 计算数组和数量之间的差：

void cvSubS(const CvArr* src, CvScalar value, CvArr* dst, const CvArr* mask=NULL);

(9) 计算数量和数组之间的差：

void cvSubRS(const CvArr* src, CvScalar value, CvArr* dst, const CvArr* mask=NULL);

(10) 计算两个数组中每个元素的积：

void cvMul(const CvArr* src1, const CvArr* src2, CvArr* dst, double scale=1);

(11) 实现除法的函数，用 src2 除以 src1 中对应元素，结果存到 dst 中相除：

void cvDiv(const CvArr* src1, const CvArr* src2, CvArr* dst, double scale=1);

(12) 计算两个数组的每个元素的按位与：

void cvAnd(const CvArr* src1, const CvArr* src2, CvArr* dst, const CvArr* mask = NULL);

(13) 计算数组每个元素与数量之间的按位与：

void cvAndS(const CvArr* src, CvScalar value, CvArr* dst, const CvArr* mask=NULL);

(14) 计算两个数组每个元素的按位或：

void cvOr(const CvArr* src1, const CvArr* src2, CvArr* dst, const CvArr* mask=NULL);

(15) 计算数组中每个元素与数量之间的按位或：

void cvOrS(const CvArr* src, CvScalar value, CvArr* dst, const CvArr* mask=NULL);

(16) 计算两个数组中的每个元素的按位异或：

void cvXor(const CvArr* src1, const CvArr* src2, CvArr* dst, const CvArr* mask = NULL);

(17) 计算数组元素与数量之间的按位异或：

void cvXorS(const CvArr* src, CvScalar value, CvArr* dst, const CvArr* mask=NULL);

(18) 计算数组元素的按位取反：

void cvNot(const CvArr* src, CvArr* dst);

(19) 比较两个数组元素：

void cvCmp(const CvArr* src1, const CvArr* src2, CvArr* dst, int cmp_op);

(20) 比较数组的每个元素与数量的关系：

void cvCmpS(const CvArr* src, double value, CvArr* dst, int cmp_op);

(21) 检查数组元素是否在两个数组之间：

void cvInRange(const CvArr* src, const CvArr* lower, const CvArr* upper, CvArr* dst);

(22) 检查数组元素是否在两个数量之间：

void cvInRangeS(const CvArr* src, CvScalar lower, CvScalar upper, CvArr* dst);

(23) 查找两个数组中每个元素的较大值：

void cvMax(const CvArr* src1, const CvArr* src2, CvArr* dst);

(24) 查找数组元素与数量之间的较大值：

void cvMaxS(const CvArr* src, double value, CvArr* dst);

(25) 查找两个数组元素之间的较小值：

void cvMin(const CvArr* src1, const CvArr* src2, CvArr* dst);

(26) 查找数组元素和数量之间的较大值：

void cvMinS(const CvArr* src, double value, CvArr* dst);

(27) 计算两个数组差的绝对值：

void cvAbsDiff(const CvArr* src1, const CvArr* src2, CvArr* dst);

(28) 计算数组元素与数量之间差的绝对值：

```
void cvAbsDiffS( const CvArr* src, CvArr* dst, CvScalar value );
```

6) 统计

(1) 计算非零数组元素：

```
int cvCountNonZero( const CvArr* arr );
```

(2) 计算数组元素的和：

```
CvScalar cvSum( const CvArr* arr );
```

(3) 计算数组元素的平均值：

```
CvScalar cvAvg( const CvArr* arr, const CvArr* mask=NULL );
```

(4) 计算数组元素的平均值：

```
void cvAvgSdv( const CvArr* arr, CvScalar* mean, CvScalar* std_dev, const CvArr* mask=NULL );
```

(5) 查找数组和子数组的全局小值和大值：

```
Void cvMinMaxLoc(const CvArr* arr, double* min_val, double* max_val, CvPoint* min_loc = NULL,CvPoint*max_loc=NULL,constCvArr*mask=NULL);
```

(6) 计算数组的绝对范数，绝对差分范数或者相对差分范数：

```
double cvNorm( const CvArr* arr1, const CvArr* arr2=NULL, int norm_type=CV_L2, const CvArr* mask=NULL );
```

7) 线性代数

(1) 初始化带尺度的单位矩阵：

```
void cvSetIdentity( CvArr* mat, CvScalar value=cvRealScalar(1) ); mat
```

(2) 用欧几里得准则计算两个数组的点积：

```
double cvDotProduct( const CvArr* src1, const CvArr* src2 );
```

(3) 计算两个三维向量的叉积：

```
void cvCrossProduct( const CvArr* src1, const CvArr* src2, CvArr* dst );
```

(4) 计算一个数组缩放后与另一个数组的和：

```
void cvScaleAdd( const CvArr* src1, CvScalar scale, const CvArr* src2, CvArr* dst );
```

(5) 通用矩阵乘法：

```
void cvGEMM( const CvArr* src1, const CvArr* src2, double alpha,  const CvArr* src3, double beta, CvArr* dst, int tABC=0 );
```

(6) 对数组每一个元素执行矩阵变换：

```
void cvTransform( const CvArr* src, CvArr* dst, const CvMat* transmat, const CvMat* shiftvec=NULL );
```

(7) 向量数组的透视变换：

```
void cvPerspectiveTransform( const CvArr* src, CvArr* dst, const CvMat* mat );
```

(8) 计算数组和数组的转置的乘积：

```
void cvMulTransposed( const CvArr* src, CvArr* dst, int order, const CvArr* delta = NULL );
```

(9) 返回矩阵的迹：

```
CvScalar cvTrace( const CvArr* mat );
```

(10) 矩阵的转置：

void cvTranspose(const CvArr* src, CvArr* dst);

(11) 返回矩阵的行列式值：

double cvDet(const CvArr* mat);

(12) 查找矩阵的逆矩阵或伪逆矩阵：

double cvInvert(const CvArr* src, CvArr* dst, int method=CV_LU);

(13) 求解线性系统或者小二乘法问题：

int cvSolve(const CvArr* src1, const CvArr* src2, CvArr* dst, int method=CV_LU);

(14) 对实数浮点矩阵进行奇异值分解：

void cvSVD(CvArr* A, CvArr* W, CvArr* U=NULL, CvArr* V=NULL, int flags=0);

(15) 奇异值回代算法(Back Substitution)：

void cvSVBkSb(const CvArr* W, const CvArr* U, const CvArr* V, const CvArr*B, CvArr* X, int flags);

(16) 计算对称矩阵的特征值和特征向量：

void cvEigenVV(CvArr* mat, CvArr* evects, CvArr* evals, double eps=0);

(17) 计算向量集合的协方差矩阵：

void cvCalcCovarMatrix(const CvArr** vects, int count, CvArr* cov_mat, CvArr* avg, int flags);

(18) 计算两个向量之间的马氏距离(Mahalonobis distance)：

double cvMahalanobis(const CvArr* vec1, const CvArr* vec2, CvArr* mat);

8) 数学函数

(1) 转换浮点数为整数：

int cvRound(double value);

int cvFloor(double value);

int cvCeil(double value);

(2) 计算平方根：

float cvSqrt(float value);

(3) 计算平方根的倒数：

float cvInvSqrt(float value);

(4) 计算立方根：

float cvCbrt(float value);

(5) 计算二维向量的角度：

float cvFastArctan(float y, float x);

(6) 判断输入是否是一个数字：

int cvIsNaN(double value);

(7) 判断输入是否是无穷大：

int cvIsInf(double value);

(8) 计算二维向量的长度和 / 或者角度：

Void cvCartToPolar(const CvArr*x, constCvArr*y, CvArr*y, CvArr*magnitude, CvArr*angle = NULL, int angle_in_degrees=0);

(9) 计算极坐标形式的二维向量对应的直角坐标：

```
void cvPolarToCart( const CvArr* magnitude, const CvArr* angle,CvArr* x, CvArr* y, int angle_in_degrees=0 );
```

(10) 对数组内每个元素求幂：

```
void cvPow( const CvArr* src, CvArr* dst, double power );
```

(11) 计算数组元素的指数幂：

```
void cvExp( const CvArr* src, CvArr* dst );
```

(12) 计算每个数组元素的绝对值的自然对数：

```
void cvLog( const CvArr* src, CvArr* dst );
```

9) 随机数生成

(1) 初始化随机数生成器状态：

```
CvRNG cvRNG( int64 seed=-1 );
```

(2) 用随机数填充数组并更新随机数 RNG(随机数产生器)状态：

```
void cvRandArr( CvRNG* rng, CvArr* arr, int dist_type, CvScalar param1, CvScalar param2 );
```

(3) 返回 32-bit 无符号整型并更新 RNG：

```
unsigned cvRandInt( CvRNG* rng );
```

(4) 返回浮点型随机数并更新 RNG：

```
double cvRandReal( CvRNG* rng );
```

10) 离散变换

(1) 执行 1 维或者 2 维浮点数组的离散傅立叶正变换(或逆变换)：

```
void cvDFT( const CvArr* src, CvArr* dst, int flags );
```

(2) 两个傅立叶频谱的每个元素的乘法：

```
void cvMulSpectrums( const CvArr* src1, const CvArr* src2, CvArr* dst, int flags );
```

(3) 执行 1 维或者 2 维浮点数组的离散(反)余弦变换：

```
void cvDCT( const CvArr* src, CvArr* dst, int flags );
```

3．动态结构

动态结构从内存存储、序列、集合、图、树等 5 类对象来阐述其结构。

1) 内存存储(Memory Storage)

内存存储器是一个可用来存储动态增长数据结构的底层结构，其具体结构如下：

(1) 扩展内存存储：

```
typedef struct CvMemStorage
{
    struct CvMemBlock* bottom;       /* first allocated block */
    struct CvMemBlock* top;          /* the current memory block - top of the stack */
    struct CvMemStorage* parent;     /* borrows new blocks from */
    int block_size;                  /* block size */
    int free_space;                  /* free space in the top block (in bytes) */
} CvMemStorage;。
```

(2) 内存存储块结构：CvMemBlock 代表一个单独的内存存储块结构。

```
typedef struct CvMemBlock
{
    struct CvMemBlock* prev;
    struct CvMemBlock* next;
} CvMemBlock;
```

(3) 内存存储块地址：该结构保存栈顶的地址，栈顶可以通过 cvSaveMemStoragePos 保存，可以通过 cvRestoreMemStoragePos 恢复：

```
typedef struct CvMemStoragePos
{
    CvMemBlock* top;
    int free_space;
} CvMemStoragePos;
```

(4) 创建内存块：

```
CvMemStorage* cvCreateMemStorage( int block_size=0 );
```

(5) 创建子内存块：

```
CvMemStorage* cvCreateChildMemStorage( CvMemStorage* parent );
```

(6) 释放内存块：

```
void cvReleaseMemStorage( CvMemStorage** storage );
```

(7) 清空内存存储块：

```
void cvClearMemStorage( CvMemStorage* storage );
```

(8) 在存储块中分配内存缓冲区：

```
void* cvMemStorageAlloc( CvMemStorage* storage, size_t size );
```

(9) 在存储块中分配一文本字符串：

```
typedef struct CvString
{
    int len;
    char* ptr;
}CvString;
CvString cvMemStorageAllocString( CvMemStorage* storage, const char* ptr, int len=-1 );
```

(10) 保存内存块的位置(地址)：

```
void cvSaveMemStoragePos( const CvMemStorage* storage, CvMemStoragePos* pos );
```

(11) 恢复内存存储块的位置：

```
void cvRestoreMemStoragePos( CvMemStorage* storage, CvMemStoragePos* pos );
```

2) 序列

(1) 创建一序列：

```
CvSeq* cvCreateSeq( int seq_flags, int header_size,  int elem_size, CvMemStorage* storage );
```

(2) 设置序列块的大小：

```
void cvSetSeqBlockSize( CvSeq* seq, int delta_elems );
```

(3) 将元素添加到序列结束：

```
char* cvSeqPush( CvSeq* seq, void* element=NULL );
```

(4) 删除序列尾部元素：

```
void cvSeqPop( CvSeq* seq, void* element=NULL );
```

(5) 在序列头部添加元素：

```
char* cvSeqPushFront( CvSeq* seq, void* element=NULL );
```

(6) 删除序列的头部元素：

```
void cvSeqPopFront( CvSeq* seq, void* element=NULL );
```

(7) 添加多个元素到序列尾部或头部：

```
void cvSeqPushMulti( CvSeq* seq, void* elements, int count, int in_front=0 );
```

(8) 删除多个序列头部或尾部的元素：

```
void cvSeqPopMulti( CvSeq* seq, void* elements, int count, int in_front=0 );
```

(9) 在序列中添加元素：

```
char* cvSeqInsert( CvSeq* seq, int before_index, void* element=NULL );
```

(10) 删除序列中的元素：

```
void cvSeqRemove( CvSeq* seq, int index );
```

(11) 清空序列：

```
void cvClearSeq( CvSeq* seq );
```

(12) 返回索引所指定的元素指针：

```
char* cvGetSeqElem( const CvSeq* seq, int index );
```

(13) 返回序列中元素的索引：

```
int cvSeqElemIdx( const CvSeq* seq, const void* element, CvSeqBlock** block=NULL );
```

(14) 拷贝序列中的元素到一个连续的内存块中：

```
void* cvCvtSeqToArray( const CvSeq* seq, void* elements, CvSlice slice = CV_ WHOLE_SEQ );
```

(15) 构建序列：

```
CvSeq * cvMakeSeqHeaderForArray ( int seq_type,int header_size, int elem_size, void* elements, int
total, CvSeq* seq, CvSeqBlock* block );
```

(16) 为各个序列碎片建立头：

```
CvSeq* cvSeqSlice( const CvSeq* seq, CvSlice slice, CvMemStorage* storage=NULL, int
copy_data=0 );
```

(17) 创建序列的一份拷贝：

```
CvSeq* cvCloneSeq( const CvSeq* seq, CvMemStorage* storage=NULL );
```

(18) 删除序列的 slice 部分：

```
void cvSeqRemoveSlice( CvSeq* seq, CvSlice slice );
```

(19) 在序列中插入一数组：

```
void cvSeqInsertSlice( CvSeq* seq, int before_index, const CvArr* from_arr );
```

(20) 将序列中的元素进行逆序操作：

```
void cvSeqInvert( CvSeq* seq );
```

(21) 使用特定的比较函数对序列中的元素进行排序：

void cvSeqSort(CvSeq* seq, CvCmpFunc func, void* userdata=NULL);

(22) 查询序列中的元素：

char* cvSeqSearch(CvSeq* seq, const void* elem, CvCmpFunc func, int is_sorted, int* elem_idx, void* userdata=NULL);

(23) 将数据写入序列中，并初始化该过程：

void cvStartAppendToSeq(CvSeq* seq, CvSeqWriter* writer);

(24) 创建新序列，并初始化写入部分(writer)：

Void cvStartWriteSeq(int seq_flags, int header_size, int elem_size, CvMemStorage* storage, CvSeqWriter* writer);

(25) 完成写入操作：

CvSeq* cvEndWriteSeq(CvSeqWriter* writer);

(26) 初始化序列中的读取过程：

void cvStartReadSeq(const CvSeq* seq, CvSeqReader* reader, int reverse=0);

(27) 返回当前的读取器的位置：

int cvGetSeqReaderPos(CvSeqReader* reader);

(28) 移动读取器到指定的位置：

void cvSetSeqReaderPos(CvSeqReader* reader, int index, int is_relative=0);

3) 集合

(1) 采集节点：

```
typedef struct CvSetElem
{
    int flags; /* it is negative if the node is free and zero or positive otherwise */
    struct CvSetElem* next_free;        /* if the node is free, the field is a
                                           pointer to next free node */
}CvSetElem;
#define CV_SET_FIELDS()      \
    CV_SEQUENCE_FIELDS()       /* inherits from CvSeq */ \
    struct CvSetElem* free_elems;     /* list of free nodes */

typedef struct CvSet
{
    CV_SET_FIELDS()
} CvSet;
```

在 OpenCV 的稀疏数据结构中，CvSet 是一个基本结构。CvSet 继承自 CvSeq，并在此基础上增加了 free_elems 域，该域是空节点组成的列表。

(2) 创建空的数据集：

CvSet* cvCreateSet(int set_flags, int header_size,int elem_size, CvMemStorage* storage);

(3) 占用集合中的一个节点：

```
int cvSetAdd( CvSet* set_header, CvSetElem* elem=NULL, CvSetElem** inserted_elem= NULL);
```

(4) 从点集中删除元素：

```
void cvSetRemove( CvSet* set_header, int index );
```

(5) 添加元素到点集中：

```
CvSetElem* cvSetNew( CvSet* set_header );
```

(6) 删除指针指向的集合元素：

```
void cvSetRemoveByPtr( CvSet* set_header, void* elem );
```

(7) 通过索引值查找相应的集合元素：

```
CvSetElem* cvGetSetElem( const CvSet* set_header, int index );
```

(8) 清空点集：

```
void cvClearSet( CvSet* set_header );
```

4) 图

(1) 图分为有向权图和无向权图。在 OpenCV 图形结构中，CvGraph 是一个基本结构。图形结构继承自 CvSet，该部分描绘了普通图的属性和图的顶点，也包含了一个点集作为其成员，该点集描述了图的边缘。

```
#define CV_GRAPH_VERTEX_FIELDS()     \
    int flags; /* vertex flags */     \
    struct CvGraphEdge* first; /* the first incident edge */
typedef struct CvGraphVtx
{
   CV_GRAPH_VERTEX_FIELDS()
}CvGraphVtx;
#define CV_GRAPH_EDGE_FIELDS()          \
   int flags; /* edge flags */          \
   float weight; /* edge weight */ \
   struct CvGraphEdge* next[2]; /* the next edges in the incidence lists for staring (0) */ \
                                        /* and ending (1) vertices */ \
   struct CvGraphVtx* vtx[2]; /* the starting (0) and ending (1) vertices */
typedef struct CvGraphEdge
{
   CV_GRAPH_EDGE_FIELDS()
}CvGraphEdge;
#define  CV_GRAPH_FIELDS()                    \
   CV_SET_FIELDS() /* set of vertices */      \
   CvSet* edges;      /* set of edges */
typedef struct CvGraph
{
   CV_GRAPH_FIELDS()
}CvGraph;
```

(2) 创建一个空树：

CvGraph* cvCreateGraph(int graph_flags, int header_size, int vtx_size, int edge_size, CvMemStorage* storage);

(3) 将一个顶点插入到图中：

Int cvGraphAddVtx (CvGraph* graph,const CvGraphVtx* vtx=NULL, CvGraphVtx** ted_ vtx = NULL);

(4) 通过索引从图中删除一顶点：

int cvGraphRemoveVtx(CvGraph* graph, int index);

(5) 通过指针从图中删除一顶点：

int cvGraphRemoveVtxByPtr(CvGraph* graph, CvGraphVtx* vtx);

(6) 通过索引值查找图的相应顶点：

CvGraphVtx* cvGetGraphVtx(CvGraph* graph, int vtx_idx);

(7) 返回顶点相应的索引值：

int cvGraphVtxIdx(CvGraph* graph, CvGraphVtx* vtx);

(8) 通过索引值在图中加入一条边：

int cvGraphAddEdge(CvGraph* graph, int start_idx, int end_idx, const CvGraphEdge* edge=NULL, CvGraphEdge** inserted_edge=NULL);

(9) 通过指针在图中加入一条边：

int cvGraphAddEdgeByPtr(CvGraph*graph,CvGraphVtx*start_vtx, CvGraphVtx*end_vtx, const CvGraphEdge* edge=NULL, CvGraphEdge** inserted_edge=NULL);

(10) 通过索引值从图中删除顶点：

void cvGraphRemoveEdge(CvGraph* graph, int start_idx, int end_idx);

(11) 通过指针从图中删除边：

void cvGraphRemoveEdgeByPtr(CvGraph* graph, CvGraphVtx* start_vtx, CvGraphVtx* end_vtx);

(12) 通过索引值在图中查找相应的边：

CvGraphEdge* cvFindGraphEdge(const CvGraph* graph, int start_idx, int end_idx);

(13) 通过指针在图中查找相应的边：

CvGraphEdge* cvFindGraphEdgeByPtr(const CvGraph* graph, const CvGraphVtx* start_ vtx, const CvGraphVtx* end_vtx);

(14) 返回与该边相应的索引值：

int cvGraphEdgeIdx(CvGraph* graph, CvGraphEdge* edge);

(15) 通过索引值统计与顶点相关联的边数：

int cvGraphVtxDegree(const CvGraph* graph, int vtx_idx);

(16) 通过指针统计与顶点相关联的边数：

int cvGraphVtxDegreeByPtr(const CvGraph* graph, const CvGraphVtx* vtx);

(17) 删除图：

void cvClearGraph(CvGraph* graph);

(18) 克隆图：

CvGraph* cvCloneGraph(const CvGraph* graph, CvMemStorage* storage);

(19) 图的遍历：结构 cvGraphScanner 深度遍历整个图。

```
typedef struct CvGraphScanner
{
    CvGraphVtx* vtx;          /* current graph vertex (or current edge origin) */
    CvGraphVtx* dst;          /* current graph edge destination vertex */
    CvGraphEdge* edge;        /* current edge */

    CvGraph* graph;           /* the graph */
    CvSeq*    stack;          /* the graph vertex stack */
    int       index;          /* the lower bound of certainly visited vertices */
    int       mask;           /* event mask */
}
CvGraphScanner;:
```

(20) 创建一结构，用来对图进行深度遍历：

```
CvGraphScanner* cvCreateGraphScanner( CvGraph* graph, CvGraphVtx* vtx=NULL, int mask =
CV_GRAPH_ALL_ITEMS );
```

(21) 逐层遍历整个图：

```
int cvNextGraphItem( CvGraphScanner* scanner );
```

(22) 完成图的遍历过程：

```
void cvReleaseGraphScanner( CvGraphScanner** scanner );
```

5) 树

(1) 树结点类型声明的宏 CV_TREE_NODE_FIELDS()，用来声明一层次性结构，如 CvSeq 所有动态结构的基本类型。如果树的节点是由该宏所声明，则可以使用以下函数对树进行相关操作：

```
#define CV_TREE_NODE_FIELDS(node_type)                              \
    int       flags;          /* micsellaneous flags */             \
    int       header_size;    /* size of sequence header */         \
    struct    node_type* h_prev; /* previous sequence */            \
    struct    node_type* h_next; /* next sequence */                \
    struct    node_type* v_prev; /* 2nd previous sequence */        \
    struct    node_type* v_next; /* 2nd next sequence */
```

(2) 打开现存的存储结构或者创建新的文件存储结构。结构 CvTreeNodeIterator 用来对树进行遍历，该树的节点是由宏 CV_TREE_NODE_FIELDS 声明的。

```
typedef struct CvTreeNodeIterator
{
    const void* node;
    int level;
    int max_level;
}
```

CvTreeNodeIterator;

(3) 用来初始化树结点的迭代器：

```
Void cvInitTreeNodeIterator(CvTreeNodeIterator* tree_iterator,const void* first, int max_level );
```

(4) 返回当前节点，并将迭代器 iterator 移向当前节点的下一个节点：

```
void* cvNextTreeNode( CvTreeNodeIterator* tree_iterator );
```

(5) 返回当前节点，并将迭代器 iterator 移向当前节点的前一个节点：

```
void* cvPrevTreeNode( CvTreeNodeIterator* tree_iterator );
```

(6) 将所有指向树结点的指针的节点指针收集到线性表 sequence 中：

```
CvSeq* cvTreeToNodeSeq( const void* first, int header_size, CvMemStorage* storage );
```

(7) 将新的节点插入到树中：

```
void cvInsertNodeIntoTree( void* node, void* parent, void* frame );
```

(8) 从树中删除节点：

```
void cvRemoveNodeFromTree( void* node, void* frame );
```

4. 绘图函数

绘图函数作用于任何像素深度的矩阵/图像，如绘制图形的全部或部分位于图像之外，则需对图像进行裁剪，或者根据需要增添色彩等，都需要绘图函数来实现。绘图函数的结构主要从曲线与形状、文本、点集、轮廓等 5 类对象来阐述。

1) 曲线与形状

(1) 创建一个色彩值：

```
#define CV_RGB( r, g, b )   cvScalar( (b), (g), (r) );
```

(2) 绘制连接两个点的线段：

```
void cvLine( CvArr* img, CvPoint pt1, CvPoint pt2, CvScalar color, int thickness=1, int line_type=8, int shift=0 );
```

(3) 绘制简单、指定粗细或者带填充的矩形：

```
void cvRectangle( CvArr* img, CvPoint pt1, CvPoint pt2, CvScalar color, int thickness=1, int line_type=8, int shift=0 );
```

(4) 绘制圆形：

```
void cvCircle( CvArr* img, CvPoint center, int radius, CvScalar color, int thickness=1, int line_type=8, int shift=0 );
```

(5) 绘制椭圆圆弧和椭圆扇形：

```
void cvEllipse( CvArr* img, CvPoint center, CvSize axes, double angle,double start_angle, double end_angle, CvScalar color, int thickness=1, int line_type=8, int shift=0 );
```

(6) 填充多边形内部：

```
void cvFillPoly( CvArr* img, CvPoint** pts, int* npts, int contours, CvScalar color, int line_type=8, int shift=0 );
```

(7) 填充多边形外部：

```
void cvFillConvexPoly( CvArr* img, CvPoint* pts, int npts, CvScalar color, int line_type = 8, int shift=0 );
```

(8) 绘制多边形：

void cvPolyLine(CvArr* img, CvPoint** pts, int* npts, int contours, int is_closed, CvScalar color, int thickness=1, int line_type=8, int shift=0);

2) 文本

(1) 字体结构初始化：

void cvInitFont(CvFont* font, int font_face, double hscale, double vscale, double shear=0, int thickness=1, int line_type=8);

(2) 在图像中加入文本：

void cvPutText(CvArr* img, const char* text, CvPoint org, const CvFont* font, CvScalar color);

(3) 设置字符串文本的宽度和高度：

void cvGetTextSize(const char* text_string, const CvFont* font, CvSize* text_size, int* baseline);

3) 点集和轮廓

(1) 在图像中绘制简单的和复杂的轮廓：

void cvDrawContours(CvArr *img, CvSeq* contour,CvScalar external_color, CvScalar hole_color, int max_level, int thickness=1,int line_type=8, CvPoint offset=cvPoint(0,0));

(2) 初始化直线迭代器 cvInitLineIterator，返回两个端点间点的数目。两个端点都必须在图像内部。在迭代器初始化后，所有的在连接两个终点的栅栏线上的点，可以通过访问 CV_NEXT_LINE_POINT 点的方式获得。在线上的这些点可使用 4-邻接或者 8-邻接的 Bresenham 算法计算得到。

int cvInitLineIterator(const CvArr* image, CvPoint pt1, CvPoint pt2,CvLineIterator* line_iterator, int connectivity=8,int left_to_right=0);

(3) 剪切图像矩形区域内部的直线 cvClipLine，计算线段完全在图像中的一部分。如果线段完全在图像中，则返回 0，否则返回 1。

int cvClipLine(CvSize img_size, CvPoint* pt1, CvPoint* pt2);

(4) 用折线逼近椭圆弧 cvEllipse2Poly，用于计算给定的椭圆弧的逼近折线的顶点，被 cvEllipse 使用。

int cvEllipse2Poly(CvPoint center, CvSize axes,int angle, int arc_start,int arc_end, CvPoint* pts, int delta);

5. 数据保存和运行时类型信息

在程序设计时，需要进行必要的文件存储、读/写数据和信息反馈等操作，使得程序更友好和完善。

1) 文件存储

(1) 文件存储器的结构 CvFileStorage：

```
typedef struct CvFileStorage
{
        ...          // hidden fields
} CvFileStorage;。
```

构造函数 CvFileStorage 将磁盘上存储的文件关联起来的“黑匣子”，允许存储或载入各种格式数据组成的层次集合，这些数据由标量值(Scalar)，或者 CXCore 对象(如矩阵、序列、图表)和用户自定义对象组成。CXCore 还可以将数据读入或写入 XML(http://www.w3c.org/XML)或 YAML (http://www.yaml.org)格式。

(2) 文件存储器节点 CvFileNode，这个构造函数只是用于重新找到文件存储器上的数据(如从文件中下载数据)。

```
/* 文件节点类型 */
#define CV_NODE_NONE              0
#define CV_NODE_INT               1
#define CV_NODE_INTEGER           CV_NODE_INT
#define CV_NODE_REAL              2
#define CV_NODE_FLOAT             CV_NODE_REAL
#define CV_NODE_STR               3
#define CV_NODE_STRING            CV_NODE_STR
#define CV_NODE_REF               4 /* not used */
#define CV_NODE_SEQ               5
#define CV_NODE_MAP               6
#define CV_NODE_TYPE_MASK         7
/* 可选标记 */
#define CV_NODE_USER              16
#define CV_NODE_EMPTY             32
#define CV_NODE_NAMED             64
#define CV_NODE_TYPE(tag)    ((tag) & CV_NODE_TYPE_MASK)
#define CV_NODE_IS_INT(tag)           (CV_NODE_TYPE(tag) == CV_NODE_INT)
#define CV_NODE_IS_REAL(tag)          (CV_NODE_TYPE(tag) == CV_NODE_REAL)
#define CV_NODE_IS_STRING(tag)        (CV_NODE_TYPE(tag) == CV_NODE_STRING)
#define CV_NODE_IS_SEQ(tag)           (CV_NODE_TYPE(tag) == CV_NODE_SEQ)
#define CV_NODE_IS_MAP(tag)           (CV_NODE_TYPE(tag) == CV_NODE_MAP)
#define CV_NODE_IS_COLLECTION(tag) (CV_NODE_TYPE(tag) >= CV_NODE_SEQ)
#define CV_NODE_IS_FLOW(tag)              (((tag) & CV_NODE_FLOW) != 0)
#define CV_NODE_IS_EMPTY(tag)             (((tag) & CV_NODE_EMPTY) != 0)
#define CV_NODE_IS_USER(tag)              (((tag) & CV_NODE_USER) != 0)
#define CV_NODE_HAS_NAME(tag)             (((tag) & CV_NODE_NAMED) != 0)

#define CV_NODE_SEQ_SIMPLE 256
#define CV_NODE_SEQ_IS_SIMPLE(seq) (((seq) -> flags & CV_NODE_SEQ_SIMPLE) != 0)

typedef struct CvString
{
   int len;
```

```
    char* ptr;
}
CvString;

/*所有已读存储在文件元素的关键字被存储在 hash 表中，可以加速查找操作 */
typedef struct CvStringHashNode
{
    unsigned hashval;
    CvString str;
    struct CvStringHashNode* next;
}
CvStringHashNode;

/* 文件存储器的基本元素是标量或集合*/
typedef struct CvFileNode
{
    int tag;
    struct CvTypeInfo* info;      /* 类型信息(用于用户自定义对象，对于其他对象它为 0)*/
    union
    {
        double f;                 /* 浮点数*/
        int i;                    /* 整形数 */
        CvString str;             /* 字符文本 */
        CvSeq* seq;               /* 序列 (文件节点的有序集合) */
        struct CvMap* map;        /*图表 (指定的文件节点的集合 ) */
    } data;
}
CvFileNode;
```

(3) 显示属性 CvAttrList，用来传递额外的参数。

```
typedef struct CvAttrList
{
    const char** attr;           /* NULL 指向数组对(attribute_name,attribute_value) 的空指针 */
    struct CvAttrList* next;     /* 指向下一个属性块的指针 */
}
CvAttrList;
/* 初始化构造函数 CvAttrList */
inline CvAttrList cvAttrList( const char** attr=NULL, CvAttrList* next=NULL );
/* 返回值为属性值，找不到适合的属性则返回值为 0(NULL)*/
const char* cvAttrValue( const CvAttrList* attr, const char* attr_name );
```

(4) 打开文件存储器读/写数据：

CvFileStorage* cvOpenFileStorage(const char* filename, CvMemStorage* memstorage, int flags);

(5) 释放文件存储单元：

void cvReleaseFileStorage(CvFileStorage** fs);

2) 写数据

(1) 向文件存储器中写数据：

void cvStartWriteStruct(CvFileStorage* fs, const char* name, int struct_flags, const char* type_name = NULL, CvAttrList attributes=cvAttrList());

(2) 结束写数据结构：

void cvEndWriteStruct(CvFileStorage* fs);

(3) 写入一个整形值：

void cvWriteInt(CvFileStorage* fs, const char* name, int value);

(4) 写入一个浮点形值：

void cvWriteReal(CvFileStorage* fs, const char* name, double value);

(5) 写入文本字符串 cvWriteString，将文本字符串写入文件存储器：

void cvWriteString(CvFileStorage* fs, const char* name, const char* str, int quote=0);

(6) 写入注释 cvWriteComment，将注释写入文件存储器：

void cvWriteComment(CvFileStorage* fs, const char* comment, int eol_comment);

(7) 打开数据流 cvStartNextStream，从文件存储器中打开下一个数据流：

void cvStartNextStream(CvFileStorage* fs);

(8) 写入用户对象：

void cvWrite(CvFileStorage* fs, const char* name,const void* ptr, CvAttrList attributes = cvAttrList());

(9) 写入基本数据数组 cvWriteRawData，将数组写入文件存储器，数组由单独的数值构成：

void cvWriteRawData(CvFileStorage* fs, const void* src, int len, const char* dt);

(10) 将文件节点写入另一个文件存储器 cvWriteFileNode，将一个文件节点的拷贝写入文件存储器。将几个文件存储器合而为一时会用到该函数：

void cvWriteFileNode(CvFileStorage* fs,const char* new_node_name,const CvFileNode* node, int embed);

3) 读取数据

(1) 从文件存储器中得到一个高层节点 cvGetRootFileNode，返回一个高层文件节点：

CvFileNode* cvGetRootFileNode(const CvFileStorage* fs, int stream_index=0);

(2) 在图表或者文件存储器中查找节点 cvGetFileNodeByName，通过 name 查找文件节点。

CvFileNode* cvGetFileNodeByName(const CvFileStorage* fs,const CvFileNode* map, const char* name);

(3) 返回一个指向已有名称的唯一指针 cvGetHashedKey：

CvStringHashNode* cvGetHashedKey(CvFileStorage* fs, const char* name, int len=-1, int create_missing=0);

(4) 在图表或者文件存储器中查找节点：

CvFileNode* cvGetFileNode(CvFileStorage* fs,CvFileNode* map, const CvStringHash- Node * key, int create_missing=0);

(5) 返回文件节点名：

const char* cvGetFileNodeName(const CvFileNode* node);

(6) 从文件节点中得到整型值：

int cvReadInt(const CvFileNode* node, int default_value=0);

(7) 查找文件节点，返回它的值：

int cvReadIntByName(const CvFileStorage* fs, const CvFileNode* map, const char* name, int default_value=0);

(8) 从文件节点中得到浮点型值：

double cvReadReal(const CvFileNode* node, double default_value=0.);

(9) 查找文件节点，返回它的浮点形值：

double cvReadRealByName(const CvFileStorage* fs, const CvFileNode* map, const char* name, double default_value=0.);

(10) 从文件节点中获得字符串文本：

const char* cvReadString(const CvFileNode* node, const char* default_value=NULL);

(11) 查找文件节点，返回它的字符串文本：

const char* cvReadStringByName(const CvFileStorage* fs, const CvFileNode* map, const char* name, const char* default_value=NULL);

(12) 解释对象并返回指向它的指针：

void* cvRead(CvFileStorage* fs, CvFileNode* node,CvAttrList* attributes=NULL);

(13) 查找对象并解释：

void* cvReadByName(CvFileStorage* fs, const CvFileNode* map, const char* name, CvAttrList* attributes=NULL);

(14) 读取数据 cvReadRawData，从有序的文件节点中读取标量元素：

void cvReadRawData(const CvFileStorage* fs, const CvFileNode* src, void* dst, const char* dt);

(15) 初始化文件节点读取器函数 cvStartReadRawData，初始化序列读取器从文件节点中读取数据：

Void cvStartReadRawData(const CvFileStorage* fs,const CvFileNode* src,CvSeqReader* reader);

(16) 初始化文件节点序列 cvReadRawDataSlice，从文件节点读一个或多个元素，组成一个序列用于指定数组。读入元素的总数由其他数组的元素总和乘以每个数组元素数目：

void cvReadRawDataSlice(const CvFileStorage* fs, CvSeqReader* reader, int count, void* dst, const char* dt);

4) 运行时类型信息和通用函数

(1) 类型信息：结构 CvTypeInfo 包含的信息有标准的和用户自定义的两种类型。在已有的对象中利用 cvTypeOf 函数查找类型。在从文件存储器中读取对象的时候，已有的类型信息利用 cvFindType 来查找类型信息。

(2) 用户可通过 cvRegisterType 定义新类型：

```
void cvRegisterType( const CvTypeInfo* info );
```

(3) 删除定义的类型：

```
void cvUnregisterType( const char* type_name );
```

(4) 返回类型列表的首位：

```
CvTypeInfo* cvFirstType( void );
```

(5) 通过类型名查找类型：

```
CvTypeInfo* cvFindType( const char* type_name );
```

(6) 返回对象的类型：

```
CvTypeInfo* cvTypeOf( const void* struct_ptr );
```

(7) 删除对象：

```
void cvRelease( void** struct_ptr );
```

(8) 克隆一个对象：

```
void* cvClone( const void* struct_ptr );
```

(9) 将对象存储到文件中 cvSave：

```
void cvSave( const char* filename, const void* struct_ptr,
             const char* name=NULL,
             const char* comment=NULL,
             CvAttrList attributes=cvAttrList());
```

(10) 从文件中打开对象 cvLoad，对象被打开之后，文件存储器被关闭，所有的临时缓冲区被删除。因此，为了能打开一个动态结构(如序列、轮廓或图像)，必须为该函数传递一个有效的目标存储器。

```
void* cvLoad( const char* filename, CvMemStorage* memstorage=NULL, const char* name=NULL,
const char** real_name=NULL );
```

6. 错误处理

程序运行时，系统错误不可避免。通过一定方式对错误进行检测或处理，以提高程序运行效率。

(1) 报错，检查错误的宏。在 OpenCV 中，调用函数出现错误并不直接返回错误代码，而是用 CV_ERROR 宏调用 cvError 函数报错，按次序地用 cvSetErrStatus 函数设置错误状态，然后调用标准的或者用户自定义的错误处理器。每个程序的线程都有一个全局变量，它包含了错误状态(一个整数值)。这个状态可以被 cvGetErrStatus 函数检索到。

(2) 返回当前错误状态：

```
int cvGetErrStatus( void );
```

(3) 设置错误状态：

```
void cvSetErrStatus( int status );
```

(4) 返回当前错误模式：

```
int cvGetErrMode( void );
```

(5) 设置当前错误模式：

```
#define CV_ErrModeLeaf    0
#define CV_ErrModeParent        1
#define CV_ErrModeSilent  2
int cvSetErrMode( int mode );
```

(6) 设置错误状态为指定的值(通过 cvSetErrStatus)：

```
int cvError( int status, const char* func_name,  const char* err_msg, const char* file_name, int line );
```

(7) 返回制定错误状态编码的原文描述：

```
const char* cvErrorStr( int status );
```

(8) 设置一个新的错误处理器 cvRedirectError，在标准错误处理器或者有确定接口的自定义错误处理器中选择一个新的错误处理器：

```
typedef int (CV_CDECL *CvErrorCallback)( int status, const char* func_name, const char* err_msg, const char* file_name, int line, void* userdata );
CvErrorCallback cvRedirectError( CvErrorCallback error_handler, void* userdata=NULL, void** prev_userdata=NULL );
```

(9) 提供标准错误操作有三种：cvNullDevReport、cvStdErrReport 和 cvGuiBoxReport。cvGuiBoxReport 是 Win32 系统缺省的错误处理器。

```
int cvNulDevReport( int status, const char* func_name,const char* err_msg, const char* file_name, int line, void* userdata );
int cvStdErrReport( int status, const char* func_name, const char* err_msg, const char* file_name, int line, void* userdata );
int cvGuiBoxReport( int status, const char* func_name, const char* err_msg, const char* file_name, int line, void* userdata );
```

7．系统函数

系统函数是为系统的运行提供的后台操作，灵活地运用系统函数，可更好地优化程序。

(1) 分配内存缓冲区：

```
void* cvAlloc( size_t size );
```

(2) 释放内存缓冲区：

```
void cvFree( void** ptr );
```

(3) 返回 tics 的数目 cvGetTickCount，返回从依赖于平台的事件(从启动开始 CPU 的 tics 数目，从 1970 年开始的微秒数目等)开始的 tics 的数目。该函数用于精确测量函数/用户代码的执行时间。要转化 tics 的数目为时间单位，可使用函数 cvGetTickFrequency。

```
int64 cvGetTickCount( void );
```

(4) 返回每个微秒的 tics 的数目：

```
double cvGetTickFrequency( void );
```

(5) 添加模块到已注册模块列表中 cvRegisterModule。

```
typedef struct CvPluginFuncInfo
{
    void** func_addr;
    void* default_func_addr;
    const char* func_names;
    int search_modules;
    int loaded_from;
}
CvPluginFuncInfo;
typedef struct CvModuleInfo
{
    struct CvModuleInfo* next;
    const char* name;
    const char* version;
    CvPluginFuncInfo* func_tab;
}
CvModuleInfo;
int cvRegisterModule( const CvModuleInfo* module_info );
```

(6) 检索注册模块和插件的信息 cvGetModuleInfo，返回一个或者所有注册模块的信息：

```
void cvGetModuleInfo( const char* module_name, const char** version, const char** loaded_addon_plugins );
```

(7) 切换优化/不优化模式：

```
int cvUseOptimized( int on_off );
```

(8) 分配自定义/缺省内存管理函数：

```
typedef void* (CV_CDECL *CvAllocFunc)(size_t size, void* userdata);
typedef int (CV_CDECL *CvFreeFunc)(void* pptr, void* userdata);
void cvSetMemoryManager(CvAllocFunc alloc_func=NULL, CvFreeFunc free_func= NULL, void* userdata=NULL );
```

(9) 切换图像 IPL 函数的分配/释放。cvSetIPLAllocators 函数使用 CXCORE 来进行图像 IPL (Intel Image Processing Library)函数的分配/释放操作：

```
typedef IplImage* (CV_STDCALL* Cv_iplCreateImageHeader)
                            (int, int, int, char*, char*, int, int, int, int, int,
                            IplROI*, IplImage*, void*, IplTileInfo*);
typedef void (CV_STDCALL* Cv_iplAllocateImageData)(IplImage*, int, int);
typedef void (CV_STDCALL* Cv_iplDeallocate)(IplImage*, int);
typedef IplROI* (CV_STDCALL* Cv_iplCreateROI)(int, int, int, int, int);
```

```
typedef IplImage* (CV_STDCALL* Cv_iplCloneImage)(const IplImage*);

void cvSetIPLAllocators( Cv_iplCreateImageHeader create_header,
                         Cv_iplAllocateImageData allocate_data,
                         Cv_iplDeallocate deallocate,
                         Cv_iplCreateROI create_roi,
                         Cv_iplCloneImage clone_image );

#define CV_TURN_ON_IPL_COMPATIBILITY()                                    \
    cvSetIPLAllocators( iplCreateImageHeader, iplAllocateImage,          \
                        iplDeallocate, iplCreateROI, iplCloneImage )
```

8. 图像处理

1) 梯度、边缘和角点

(1) 使用扩展 Sobel 算子计算一阶、二阶、三阶或混合图像差分：

```
void cvSobel( const CvArr* src, CvArr* dst, int xorder, int yorder, int aperture_size=3 );
```

(2) 计算图像的 Laplacian 变换：

```
void cvLaplace( const CvArr* src, CvArr* dst, int aperture_size=3 );
```

(3) 采用 Canny 算法做边缘检测：

```
void cvCanny( const CvArr* image, CvArr* edges, double threshold1, double threshold2, int aperture_size=3 );
```

(4) 计算用于角点检测的特征图：

```
void cvPreCornerDetect( const CvArr* image, CvArr* corners, int aperture_size=3 );
```

(5) 计算图像块的特征值和特征向量，用于角点检测：

```
void cvCornerEigenValsAndVecs(const CvArr* image, CvArr* eigenvv, int block_size, int aperture_size=3);
```

(6) 计算梯度矩阵的最小特征值，用于角点检测：

```
void cvCornerMinEigenVal( const CvArr* image, CvArr* eigenval, int block_size, int aperture_size = 3 );
```

(7) 哈里斯(Harris)角点检测：

```
void cvCornerHarris( const CvArr* image, CvArr* harris_responce, int block_size, int aperture_size = 3, double k = 0.04 );
```

(8) 精确角点位置：

```
void cvFindCornerSubPix(const CvArr* image, CvPoint2D32f* corners, int count, CvSize win, CvSize zero_zone, CvTermCriteria criteria );
```

(9) 确定图像的强角点：

```
void cvGoodFeaturesToTrack( const CvArr* image, CvArr* eig_image, CvArr* temp_image, CvPoint2D32f* corners, int* corner_count, double quality_level, double min_distance, const CvArr* mask=NULL );
```

2) 采样、差值和几何变换

(1) 初始化线段迭代器：

```
int cvInitLineIterator(const CvArr* image, CvPoint pt1, CvPoint pt2, CvLineIterator* line_iterator, int connectivity = 8 );
```

(2) 将光栅线读入缓冲区：

```
int cvSampleLine( const CvArr* image, CvPoint pt1, CvPoint pt2,void* buffer, int connectivity = 8 );
```

(3) 从图像中提取像素矩形，使用子像素精度：

```
void cvGetRectSubPix( const CvArr* src, CvArr* dst, CvPoint2D32f center );
```

(4) 提取像素四边形，使用子像素精度：

```
void cvGetQuadrangleSubPix( const CvArr* src, CvArr* dst, const CvMat* map_matrix, int fill_outliers = 0, CvScalar fill_value = cvScalarAll(0) );
```

(5) 图像大小变换：

```
void cvResize(const CvArr* src, CvArr* dst, int interpolation = CV_INTER_LINEAR );
```

(6) 对图像做仿射变换：

```
void cvWarpAffine( const CvArr* src, CvArr* dst, const CvMat*map_matrix, int flags = CV_INTER_LINEAR + CV_WARP_FILL_OUTLIERS, CvScalar fillval = cvScalarAll(0) );
```

(7) 由三个不共线点计算仿射变换：

```
CvMat* cvGetAffineTransform ( const CvPoint2D32f* src, const CvPoint2D32f* dst, CvMat* map_matrix );
```

(8) 计算二维旋转的仿射变换矩阵：

```
CvMat* cv2DRotationMatrix(CvPoint2D32f center,double angle,double scale, CvMat* map_matrix);
```

(9) 对图像进行透视变换：

```
void cvWarpPerspective(const CvArr* src, CvArr* dst, const CvMat* map_matrix, int flags = CV_INTER_LINEAR+CV_WARP_FILL_OUTLIERS, CvScalar fillval = cvScalarAll(0) );
```

(10) 用 4 个对应点计算透视变换矩阵：

```
CvMat* cvWarpPerspectiveQMatrix( const CvPoint2D32f* src, const CvPoint2D32f* dst, CvMat* map_matrix );
```

(11) 由四边形的 4 个点计算透视变换：

```
CvMat* cvGetPerspectiveTransform( const CvPoint2D32f* src, const CvPoint2D32f* dst, CvMat* map_matrix );
#define cvWarpPerspectiveQMatrix cvGetPerspectiveTransform
```

(12) 对图像进行普通几何变换：

```
void cvRemap( const CvArr* src, CvArr* dst,const CvArr* mapx, const CvArr* mapy, int flags = CV_INTER_LINEAR + CV_WARP_FILL_OUTLIERS, CvScalar fillval = cvScalarAll(0) );
```

(13) 把图像映射到极指数空间：

```
void cvLogPolar( const CvArr* src, CvArr* dst,CvPoint2D32f center, double M, int flags = CV_INTER_LINEAR + CV_WARP_FILL_OUTLIERS );
```

3) 形态学操作

(1) 创建结构元素：

IplConvKernel* cvCreateStructuringElementEx(int cols, int rows, int anchor_x, int anchor_y,int shape, int* values = NULL);

(2) 删除结构元素：

void cvReleaseStructuringElement(IplConvKernel** element);

(3) 使用任意结构元素腐蚀图像：

void cvErode(const CvArr* src, CvArr* dst, IplConvKernel* element = NULL, int iterations = 1);

(4) 使用任意结构元素膨胀图像：

void cvDilate(const CvArr* src, CvArr* dst, IplConvKernel* element=NULL, int iterations=1);

(5) 高级形态学变换：

void cvMorphologyEx(const CvArr* src, CvArr* dst, CvArr* temp, IplConvKernel* element, int operation, int iterations = 1);

4) 滤波器与彩色变换

(1) 各种方法的图像平滑：

void cvSmooth(const CvArr* src, CvArr* dst, int smoothtype = CV_GAUSSIAN, int param1 = 3, int param2 = 0, double param3 = 0);

(2) 对图像做卷积：

void cvFilter2D(const CvArr* src, CvArr* dst, const CvMat* kernel, CvPoint anchor= cvPoint(-1,-1));

(3) 复制图像并且制作边界：

void cvCopyMakeBorder(const CvArr* src, CvArr* dst, CvPoint offset, int bordertype, CvScalar value = cvScalarAll(0));

(4) 计算积分图像：

void cvIntegral(const CvArr* image, CvArr* sum, CvArr* sqsum = NULL, CvArr* tilted_sum = NULL);

(5) 色彩空间转换：

void cvCvtColor(const CvArr* src, CvArr* dst, int code);

(6) 对数组元素进行固定阈值操作：

void cvThreshold(const CvArr* src, CvArr* dst, double threshold, double max_value, int threshold_type);

(7) 自适应阈值方法：

void cvAdaptiveThreshold(const CvArr* src, CvArr* dst, double max_value, int adaptive_ method = CV_ADAPTIVE_THRESH_MEAN_C, int threshold_type = CV_THRESH_ BINARY, int block_size = 3, double param1 = 5);

5) 金字塔及其应用

(1) 图像的下采样：

void cvPyrDown(const CvArr* src, CvArr* dst, int filter = CV_GAUSSIAN_5x5);

(2) 图像的上采样：

void cvPyrUp(const CvArr* src, CvArr* dst, int filter = CV_GAUSSIAN_5x5);

(3) 用金字塔实现图像分割：

void cvPyrSegmentation(IplImage* src, IplImage* dst, CvMemStorage* storage, CvSeq** comp, int level, double threshold1, double threshold2);

6) 连接部件

(1) 连接部件：

```
typedef struct CvConnectedComp
{
    double area;        /* 连通域的面积 */
    float value;        /* 分割域的灰度缩放值 */
    CvRect rect;        /* 分割域的 ROI */
} CvConnectedComp;
```

(2) 用指定颜色填充一个连接域：

void cvFloodFill(CvArr* image, CvPoint seed_point, CvScalar new_val,CvScalar lo_diff = cvScalarAll(0), CvScalar up_diff = cvScalarAll(0), CvConnectedComp* comp = NULL, int flags = 4, CvArr* mask = NULL);

```
#define CV_FLOODFILL_FIXED_RANGE (1 << 16)
#define CV_FLOODFILL_MASK_ONLY    (1 << 17)
```

(3) 在二值图像中寻找轮廓：

int cvFindContours(CvArr* image, CvMemStorage* storage, CvSeq** first_contour, int header_size = sizeof(CvContour), int mode = CV_RETR_LIST,int method = CV_CHAIN_ APPROX_SIMPLE, CvPoint offset = cvPoint(0,0));

(4) 初始化轮廓的扫描过程：

CvContourScanner cvStartFindContours(CvArr* image, CvMemStorage* storage,int header_size = sizeof(CvContour), int mode = CV_RETR_LIST, int method = CV_CHAIN_ APPROX_SIMPLE, CvPoint offset = cvPoint(0,0));

(5) 确定和提取图像的下一个轮廓：

CvSeq* cvFindNextContour(CvContourScanner scanner);

(6) 替换提取的轮廓：

void cvSubstituteContour(CvContourScanner scanner, CvSeq* new_contour);

(7) 结束扫描过程，返回最高层的第一个轮廓的指针：

CvSeq* cvEndFindContours(CvContourScanner* scanner);

7) 图像与轮廓矩

(1) 计算多边形和光栅形状的高达三阶的所有矩：

void cvMoments(const CvArr* arr, CvMoments* moments, int binary = 0);

(2) 从矩状态结构中提取空间矩：

```
double cvGetSpatialMoment( CvMoments* moments, int x_order, int y_order );
```

(3) 从矩状态结构中提取中心矩：

```
double cvGetCentralMoment( CvMoments* moments, int x_order, int y_order );
```

(4) 从矩状态结构中提取归一化的中心矩：

```
double cvGetNormalizedCentralMoment( CvMoments* moments, int x_order, int y_order );
```

(5) 计算 7 Hu 不变量：

```
void cvGetHuMoments( CvMoments* moments, CvHuMoments* hu_moments );
```

8) 特殊图像变换

(1) 利用 Hough 变换在二值图像中找到直线：

```
CvSeq* cvHoughLines2( CvArr* image, void* line_storage, int method, double rho, double theta, int threshold, double param1 = 0, double param2 = 0 );
```

(2) 利用 Hough 变换在灰度图像中找圆：

```
CvSeq* cvHoughCircles( CvArr* image, void* circle_storage, int method, double dp, double min_dist, double param1 = 100, double param2 = 100, int min_radius = 0, int max_radius = 0 );
```

(3) 计算输入图像的所有非零元素和其近零元素的距离：

```
void cvDistTransform( const CvArr* src, CvArr* dst, int distance_type = CV_DIST_L2, int mask_size = 3, const float* mask = NULL );
```

(4) 修复图像中选择区域: cvInpaint 从选择图像区域边界的像素重建该区域。函数可以用来去除扫描相片的灰尘或者刮伤，或者从静态图像或者视频中去除不需要的物体。

```
void cvInpaint(const CvArr* src, const CvArr* mask, CvArr* dst, int flags, double inpaintRadius );
```

9) 直方图

(1) 多维直方图：

```
typedef struct CvHistogram
{
    int        type;
    CvArr*     bins;
    float      thresh[CV_MAX_DIM][2]; /* for uniform histograms */
    float** thresh2; /* for non-uniform histograms */
    CvMatND mat; /* embedded matrix header for array histograms */
}
CvHistogram;
```

(2) 创建直方图：

```
CvHistogram*cvCreateHist(int dims, int*sizes,int type,float**ranges = NULL, int uniform =1);
```

(3) 设置直方块的区间：

```
void cvSetHistBinRanges( CvHistogram* hist, float** ranges, int uniform = 1 );
```

(4) 释放直方图结构：

```
void cvReleaseHist( CvHistogram** hist );
```

(5) 清除直方图：

```
void cvClearHist( CvHistogram* hist );
```

(6) 从数组中创建直方图：

```
CvHistogram* cvMakeHistHeaderForArray( int dims, int* sizes, CvHistogram* hist, float* data, float** ranges = NULL, int uniform = 1 );
```

(7) 查询直方块的值：

```
#define cvQueryHistValue_1D( hist, idx0 ) \
    cvGetReal1D( (hist) -> bins, (idx0) )
#define cvQueryHistValue_2D( hist, idx0, idx1 ) \
    cvGetReal2D( (hist) -> bins, (idx0), (idx1) )
#define cvQueryHistValue_3D( hist, idx0, idx1, idx2 ) \
    cvGetReal3D( (hist) -> bins, (idx0), (idx1), (idx2) )
#define cvQueryHistValue_nD( hist, idx ) \
    cvGetRealND( (hist) -> bins, (idx) )
```

(8) 返回直方块的指针：

```
#define cvGetHistValue_1D( hist, idx0 ) \
    ((float*)(cvPtr1D( (hist) -> bins, (idx0), 0 ))
#define cvGetHistValue_2D( hist, idx0, idx1 ) \
    ((float*)(cvPtr2D( (hist) -> bins, (idx0), (idx1), 0 ))
#define cvGetHistValue_3D( hist, idx0, idx1, idx2 ) \
    ((float*)(cvPtr3D( (hist) -> bins, (idx0), (idx1), (idx2), 0 ))
#define cvGetHistValue_nD( hist, idx ) \
    ((float*)(cvPtrND( (hist) -> bins, (idx), 0 ))
```

(9) 发现大和小直方块及位置：

```
void cvGetMinMaxHistValue( const CvHistogram* hist, float* min_value, float* max_value, int* min_idx = NULL, int* max_idx = NULL );
```

(10) 归一化直方图：

```
void cvNormalizeHist( CvHistogram* hist, double factor );
```

(11) 对直方图取阈值：

```
void cvThreshHist( CvHistogram* hist, double threshold );
```

(12) 比较两个稠密直方图：

```
double cvCompareHist( const CvHistogram* hist1, const CvHistogram* hist2, int method );
```

(13) 拷贝直方图：

```
void cvCopyHist( const CvHistogram* src, CvHistogram** dst );
```

(14) 计算图像 image(s) 的直方图：

```
void cvCalcHist( IplImage** image, CvHistogram* hist,  int accumulate = 0, const CvArr* mask = NULL );
```

(15) 计算反向投影：

```
void cvCalcBackProject( IplImage** image, CvArr* back_project, const CvHistogram* hist );
```

(16) 用直方图比较来定位图像中的模板：

void cvCalcBackProjectPatch(IplImage** image, CvArr* dst, CvSize patch_size, CvHistogram* hist, int method, float factor);

(17) 两个直方图相除：

void cvCalcProbDensity(const CvHistogram* hist1, const CvHistogram* hist2, CvHistogram* dst_hist, double scale = 255);

(18) 灰度图象直方图均衡化，该方法归一化图像亮度和增强对比度：

void cvEqualizeHist(const CvArr* src, CvArr* dst);

10) 匹配

(1) 比较模板和重叠的图像区域：

void cvMatchTemplate(const CvArr* image, const CvArr* templ,CvArr* result, int method);

(2) 比较两个形状：

double cvMatchShapes(const void* object1, const void* object2, int method, double parameter = 0);

(3) 两个加权点集之间计算最小工作距离：

float cvCalcEMD2(const CvArr* signature1, const CvArr* signature2, int distance_type, CvDistanceFunction distance_func = NULL, const CvArr* cost_matrix = NULL, CvArr* flow = NULL, float* lower_bound = NULL, void* userdata = NULL); typedef float (*CvDistanceFunction)(const float* f1, const float* f2, void* userdata);

9．结构分析

QpenCV 从结构的角度提供了三类函数，如轮廓处理函数、几何函数和平面划分等。

1) 轮廓处理函数

(1) 用多边形曲线逼近 Freeman 链：

CvSeq* cvApproxChains(CvSeq* src_seq, CvMemStorage* storage, int method = CV_CHAIN_APPROX_SIMPLE, double parameter = 0, int minimal_perimeter = 0, int recursive = 0);

(2) 初始化一个链读取器：

void cvStartReadChainPoints(CvChain* chain, CvChainPtReader* reader);

(3) 得到下一个链的点：

CvPoint cvReadChainPoint(CvChainPtReader* reader);

(4) 用指定精度逼近多边形曲线：

CvSeq* cvApproxPoly(const void* src_seq, int header_size, CvMemStorage* storage, int method, double parameter, int parameter2 = 0);

(5) 计算点集的外面(Up-right)矩形边界：

CvRect cvBoundingRect(CvArr* points, int update = 0);

(6) 计算整个轮廓或部分轮廓的面积：

double cvContourArea(const CvArr* contour, CvSlice slice = CV_WHOLE_SEQ);

(7) 计算轮廓周长或曲线长度：

double cvArcLength(const void* curve, CvSlice slice = CV_WHOLE_SEQ, int is_closed = -1);

(8) 创建轮廓的继承表示形式：

CvContourTree* cvCreateContourTree(const CvSeq* contour,CvMemStorage* storage, double threshold);

(9) 由树恢复轮廓：

CvSeq* cvContourFromContourTree(const CvContourTree* tree,CvMemStorage* storage, CvTermCriteria criteria);

(10) 用树的形式比较两个轮廓：

double cvMatchContourTrees(const CvContourTree* tree1, const CvContourTree* tree2, int method, double threshold);

2) 计算几何

(1) 对两个给定矩形，寻找矩形边界：

CvRect cvMaxRect(const CvRect* rect1, const CvRect* rect2);

(2) 旋转的二维盒子：

```
typedef struct CvBox2D
{
    CvPoint2D32f center;    /* 盒子的中心 */
    CvSize2D32f  size;      /* 盒子的长和宽 */
    float angle;            /* 水平轴与第一个边的夹角，用角度表示*/
}
CvBox2D;
```

(3) 从点向量中初始化点序列头部：

CvSeq* cvPointSeqFromMat(int seq_kind, const CvArr* mat, CvContour* contour_header, CvSeqBlock* block);

(4) 寻找盒子的顶点：

void cvBoxPoints(CvBox2D box, CvPoint2D32f pt[4]);

(5) 二维点集的椭圆拟合：

CvBox2D cvFitEllipse2(const CvArr* points);

(6) 2D 或 3D 点集的直线拟合：

void cvFitLine(const CvArr* points, int dist_type, double param, double reps, double aeps, float* line);

(7) 发现点集的凸外形：

CvSeq* cvConvexHull2(const CvArr* input, void* hull_storage = NULL, int orientation = CV_CLOCKWISE, int return_points = 0);

(8) 测试轮廓的凸性：

int cvCheckContourConvexity(const CvArr* contour);

(9) 用来描述一个简单轮廓凸性缺陷的结构体：

```
typedef struct CvConvexityDefect
{
    CvPoint* start;          /* 缺陷开始的轮廓点 */
    CvPoint* end;            /* 缺陷结束的轮廓点 */
    CvPoint* depth_point;    /* 缺陷中距离凸形最远的轮廓点(谷底) */
```

```
    float depth;        /* 谷底距离凸形的深度*/
} CvConvexityDefect;
```

(10) 发现轮廓凸形缺陷：

```
CvSeq* cvConvexityDefects( const CvArr* contour, const CvArr* convexhull, CvMemStorage* storage = NULL );
```

(11) 测试点是否在多边形中：

```
double cvPointPolygonTest( const CvArr* contour,CvPoint2D32f pt, int measure_dist );
```

(12) 对给定的 2D 点集，寻找小面积的包围矩形：

```
CvBox2D cvMinAreaRect2( const CvArr* points, CvMemStorage* storage = NULL );
```

(13) 对给定的 2D 点集，寻找小面积的包围圆形：

```
int cvMinEnclosingCircle( const CvArr* points, CvPoint2D32f* center, float* radius );
```

(14) 计算轮廓的 pair-wise 几何直方图：

```
void cvCalcPGH( const CvSeq* contour, CvHistogram* hist );
```

3) 平面划分

(1) 平面划分：是将一个平面分割为一组互不重叠的能够覆盖整个平面的区域P(facets)。

```
#define CV_SUBDIV2D_FIELDS()        \
    CV_GRAPH_FIELDS()               \
    int   quad_edges;               \
    int   is_geometry_valid;        \
    CvSubdiv2DEdge recent_edge; \
    CvPoint2D32f   topleft;         \
    CvPoint2D32f   bottomright;
typedef struct CvSubdiv2D
{
    CV_SUBDIV2D_FIELDS()
}
CvSubdiv2D;
```

(2) 平面划分中的 Quad-edge(四方边缘结构)：

```
/* quad-edge 中的一条边缘，低两位表示该边缘的索引号，其他高位表示边缘指针。*/
typedef long CvSubdiv2DEdge;

/* 四方边缘的结构场 */
#define CV_QUADEDGE2D_FIELDS()          \
    int flags;                          \
    struct CvSubdiv2DPoint* pt[4]; \
    CvSubdiv2DEdge   next[4];
```

```
typedef struct CvQuadEdge2D
{
    CV_QUADEDGE2D_FIELDS()
}
CvQuadEdge2D;
```

(3) 原始和对偶划分点：

```
#define CV_SUBDIV2D_POINT_FIELDS()\
     int                    flags;          \
     CvSubdiv2DEdge first;            \
     CvPoint2D32f      pt;
#define CV_SUBDIV2D_VIRTUAL_POINT_FLAG (1 << 30)
typedef struct CvSubdiv2DPoint
{
    CV_SUBDIV2D_POINT_FIELDS()
}
CvSubdiv2DPoint;
```

(4) 返回给定的边缘之一，即返回与输入边缘相关的边缘：

```
CvSubdiv2DEdge cvSubdiv2DGetEdge( CvSubdiv2DEdge edge, CvNextEdgeType type);
#define cvSubdiv2DNextEdge(edge) cvSubdiv2DgetEdge (edge, CV_NEXT_AROUND_ORG);
```

(5) 返回同一个四方边缘结构中的另一条边缘：

```
CvSubdiv2DEdge cvSubdiv2DRotateEdge( CvSubdiv2DEdge edge, int rotate );
```

(6) 返回边缘的原点：

```
CvSubdiv2DPoint* cvSubdiv2DEdgeOrg( CvSubdiv2DEdge edge );
```

(7) 返回边缘的终点：

```
CvSubdiv2DPoint* cvSubdiv2DEdgeDst( CvSubdiv2DEdge edge );
```

(8) 生成的空 Delaunay 三角测量：

```
CvSubdiv2D* cvCreateSubdivDelaunay2D( CvRect rect, CvMemStorage* storage );
```

(9) 向 Delaunay 三角测量中插入一个点：

```
CvSubdiv2DPoint*    cvSubdivDelaunay2DInsert( CvSubdiv2D* subdiv, CvPoint2D32f pt);
```

(10) 在 Delaunay 三角测量中定位输入点：

```
CvSubdiv2DPointLocation cvSubdiv2DLocate(CvSubdiv2D* subdiv, CvPoint2D32f pt, CvSubdiv2DEdge*
edge, CvSubdiv2DPoint** vertex = NULL );
```

(11) 根据输入点，找到其近的划分顶点：

```
CvSubdiv2DPoint* cvFindNearestPoint2D( CvSubdiv2D* subdiv, CvPoint2D32f pt );
```

(12) 计算 Voronoi 图表的细胞结构：

```
void cvCalcSubdivVoronoi2D( CvSubdiv2D* subdiv );
```

(13) 移除所有的虚点：

```
void cvClearSubdivVoronoi2D( CvSubdiv2D* subdiv );
```

10．运动分析

OpenCV 对机器视觉应用中的运动分析和对象跟踪提供了大量函数，主要从背景统计量的累积、运动模板、对象跟踪、光流、预估器等多方面列举了常用函数。

1) 背景统计量的累积

(1) 将帧叠加到累积器(Accumulator)中：

```
void cvAcc( const CvArr* image, CvArr* sum, const CvArr* mask = NULL );
```

(2) 叠加输入图像的平方到累积器中：

```
void cvSquareAcc( const CvArr* image, CvArr* sqsum, const CvArr* mask = NULL );
```

(3) 将两幅输入图像的乘积叠加到累积器中：

```
void cvMultiplyAcc( const CvArr* image1, const CvArr* image2, CvArr* acc, const CvArr* mask = NULL );
```

(4) 更新滑动平均块(Running Average)：

```
void cvRunningAvg( const CvArr* image, CvArr* acc, double alpha, const CvArr* mask = NULL );
```

2) 运动模板

(1) 去掉影像以更新运动历史图像：

```
void cvUpdateMotionHistory( const CvArr* silhouette, CvArr* mhi, double timestamp, double duration );
```

(2) 计算运动历史图像的梯度方向：

```
void cvCalcMotionGradient( const CvArr* mhi, CvArr* mask, CvArr* orientation,double delta1, double delta2, int aperture_size = 3 );
```

(3) 计算某些选择区域的全局运动方向：

```
double cvCalcGlobalOrientation( const CvArr* orientation, const CvArr* mask, const CvArr* mhi, double timestamp, double duration );
```

(4) 将整个运动分割为独立的运动部分：

```
CvSeq* cvSegmentMotion( const CvArr* mhi, CvArr* seg_mask, CvMemStorage* storage, double timestamp, double seg_thresh );
```

3) 对象跟踪

(1) 在反向投影图中发现目标中心：

```
int cvMeanShift( const CvArr* prob_image, CvRect window, CvTermCriteria criteria, CvConnectedComp* comp );
```

(2) 发现目标中心、尺寸和方向：

```
int cvCamShift(const CvArr* prob_image, CvRect window, CvTermCriteria criteria, CvConnectedComp* comp, CvBox2D* box = NULL );
```

(3) 改变轮廓位置使得它的能量小：

```
void cvSnakeImage( const IplImage* image, CvPoint* points, int length, float* alpha, float* beta, float* gamma, int coeff_usage,CvSize win, CvTermCriteria criteria, int calc_gradient = 1 );
```

4) 光流

(1) 计算两幅图像的光流：

void cvCalcOpticalFlowHS(const CvArr* prev, const CvArr* curr, int use_previous, CvArr* velx, CvArr* vely, double lambda, CvTermCriteria criteria);

(2) 计算两幅图像的光流：

void cvCalcOpticalFlowLK(const CvArr* prev, const CvArr* curr, CvSize win_size, CvArr* velx, CvArr* vely);

(3) 用块匹配方法计算两幅图像的光流：

void cvCalcOpticalFlowBM(const CvArr* prev, const CvArr* curr, CvSize block_size,CvSize shift_size, CvSize max_range, int use_previous,CvArr* velx, CvArr* vely);

(4) 计算一个稀疏特征集的光流，使用金字塔中的迭代 Lucas-Kanade 方法：

void cvCalcOpticalFlowPyrLK(const CvArr* prev, const CvArr* curr, CvArr* prev_pyr, CvArr* curr_pyr,const CvPoint2D32f* prev_features, CvPoint2D32f* curr_features,int count, CvSize win_size, int level, char* status,float* track_error, CvTermCriteria criteria, int flags);

5) 预估器

(1) Kalman 滤波器状态：

```
typedef struct CvKalman
{
    int MP;                          /* 测量向量维数 */
    int DP;                          /* 状态向量维数 */
    int CP;                          /* 控制向量维数 */

    /* 向后兼容字段 */
#if 1
    float* PosterState;              /* = state_pre -> data.fl */
    float* PriorState;               /* = state_post -> data.fl */
    float* DynamMatr;                /* = transition_matrix -> data.fl */
    float* MeasurementMatr;          /* = measurement_matrix -> data.fl */
    float* MNCovariance;             /* = measurement_noise_cov -> data.fl */
    float* PNCovariance;             /* = process_noise_cov -> data.fl */
    float* KalmGainMatr;             /* = gain -> data.fl */
    float* PriorErrorCovariance;     /* = error_cov_pre -> data.fl */
    float* PosterErrorCovariance;    /* = error_cov_post -> data.fl */
    float* Temp1;                    /* temp1 -> data.fl */
    float* Temp2;                    /* temp2 -> data.fl */
#endif

    CvMat* state_pre;                /* 预测状态 (x'(k)):
                                        x(k) = A*x(k-1)+B*u(k) */
    CvMat* state_post;               /* 矫正状态 (x(k)):
                                        x(k) = x'(k)+K(k)*(z(k)-H*x'(k)) */
```

```
    CvMat* transition_matrix;          /* 状态传递矩阵 state transition matrix (A) */
    CvMat* control_matrix;             /* 控制矩阵 control matrix (B)
                                          (如果没有控制，则不使用它)*/
    CvMat* measurement_matrix;         /* 测量矩阵 measurement matrix (H) */
    CvMat* process_noise_cov;          /* 过程噪声协方差矩阵
                                          process noise covariance matrix (Q) */
    CvMat* measurement_noise_cov;      /* 测量噪声协方差矩阵
                                          measurement noise covariance matrix (R) */
    CvMat* error_cov_pre;              /* 先验误差估计协方差矩阵
                                          priori error estimate covariance matrix (P'(k)):
                                          P'(k) = A*P(k-1)*At + Q)*/
    CvMat* gain;                       /* Kalman 增益矩阵 gain matrix (K(k)):
                                          K(k) = P'(k)*Ht*inv(H*P'(k)*Ht+R)*/
    CvMat* error_cov_post;             /* 后验错误估计协方差矩阵
                                          posteriori error estimate covariance matrix (P(k)):
                                          P(k) = (I-K(k)*H)*P'(k) */
    CvMat* temp1;                      /* 临时矩阵 temporary matrices */
    CvMat* temp2;
    CvMat* temp3;
    CvMat* temp4;
    CvMat* temp5;
}
CvKalman;
```

(2) 分配 Kalman 滤波器结构：

```
CvKalman* cvCreateKalman( int dynam_params, int measure_params, int control_ params = 0 );
```

(3) 释放 Kalman 滤波器结构：

```
void cvReleaseKalman( CvKalman** kalman );
```

(4) 估计后来的模型状态：

```
const CvMat* cvKalmanPredict( CvKalman* kalman, const CvMat* control = NULL );
```

(5) 调节模型状态：

```
const CvMat* cvKalmanCorrect( CvKalman* kalman, const CvMat* measurement );
```

(6) 跟踪器 ConDensation 状态：

```
typedef struct CvConDensation
{
    int MP;                 // 测量向量的维数：Dimension of measurement vector
    int DP;                 // 状态向量的维数：Dimension of state vector
    float* DynamMatr;       // 线性动态系统矩阵：Matrix of the linear Dynamics system
    float* State;           // 状态向量：Vector of State
    int SamplesNum;         // 粒子数：Number of the Samples
```

```
    float** flSamples;          // 粒子向量数组：array of the Sample Vectors
    float** flNewSamples;       // 粒子向量临时数组：temporary array of the Sample Vectors
    float* flConfidence;        // 每个粒子的置信度：Confidence for each Sample
    float* flCumulative;        // 权值的累计：Cumulative confidence
    float* Temp;                // 临时向量：Temporary vector
    float* RandomSample;        // 更新粒子集的随机向量：RandomVector to update sample set
    CvRandState* RandS;         // 产生随机向量的结构数组：
                                       Array of structures to generate random vectors
} CvConDensation;
```

(7) 分配 ConDensation 滤波器结构：

```
CvConDensation* cvCreateConDensation( int dynam_params, int measure_params, int sample_count );
```

(8) 释放 ConDensation 滤波器结构：

```
void cvReleaseConDensation( CvConDensation** condens );
```

(9) 初始化 ConDensation 算法中的粒子集：

```
void cvConDensInitSampleSet( CvConDensation* condens, CvMat* lower_bound, CvMat* upper_bound );
```

(10) 估计下个模型状态：

```
void cvConDensUpdateByTime( CvConDensation* condens );
```

11．模式识别

目标检测方法最初由 Paul Viola 提出，并由 Rainer Lienhart 对方法进行了改善。首先，利用样本(大约几百幅样本图片)的 Haar 特征进行分类器训练，得到一个级联的 boosted 分类器。训练样本分为正例样本和反例样本，其中正例样本是指待检目标样本，反例样本指其他任意图片，所有的样本图片都被归一化为同样的尺寸大小。分类器训练完以后，就可以应用于输入图像中的感兴趣区域(与训练样本相同的尺寸)的检测。检测到目标区域(汽车或人脸)，分类器输出为 1，否则输出为 0。为了检测整幅图像，可以在图像中移动搜索窗口，检测每一个位置来确定可能的目标。为了搜索不同大小的目标物体，分类器被设计为可以进行尺寸改变，这样比改变待检图像的尺寸大小更为有效。所以，为了在图像中检测未知大小的目标物体，扫描程序通常需要用不同比例大小的搜索窗口对图片进行几次扫描。

分类器中的“级联”是指最终的分类器由几个简单分类器级联组成。在图像检测中，被检窗口依次通过每一级分类器，这样在前面几层的检测中大部分的候选区域就被排除了，全部通过每一级分类器检测的区域即为目标区域。目前支持这种分类器的 boosting 技术有四种：Discrete Adaboost、Real Adaboost、Gentle Adaboost 和 Logitboost。boosted 指级联分类器的每一层都可以从中选取一个 boosting 算法(权重投票)，并利用基础分类器的自我训练得到。基础分类器是至少有两个叶结点的决策树分类器。Haar 特征是基础分类器的输入。每个特定分类器所使用的特征用形状、感兴趣区域中的位置以及比例系数(这里的比例系数跟检测时候采用的比例系数是不一样的，尽管最后会取两个系数的乘积值)来定义。例如在第二行特征(2c)的情况下，响应计算为覆盖全部特征整个矩形框像素的和减去黑色矩形框内像素和的三倍。每个矩形框内的像素和都可以通过积分图像很快地计算出来。

(1) Boosted Haar 分类器结构：

CvHaarFeature, CvHaarClassifier, CvHaarStageClassifier, CvHaarClassifierCascade

(2) 从文件中装载训练好的级联分类器或者从 OpenCV 中嵌入的分类器数据库中导入：

```
CvHaarClassifierCascade* cvLoadHaarClassifierCascade(const char* directory, CvSize orig_window_size );
```

(3) 释放 HaarClassifierCascade：

```
void cvReleaseHaarClassifierCascade( CvHaarClassifierCascade** cascade );
```

(4) 检测图像中的目标：

```
typedef struct CvAvgComp
{
    CvRect rect;    /* bounding rectangle for the object (average rectangle of a group)对目标
                    标记矩形边界(一系列矩形的平均) */
    int neighbors; /* number of neighbor rectangles in the group 一些列矩形中领域矩形的数量 */
}
CvAvgComp;
CvSeq*cvHaarDetectObjects( const CvArr*image,CvHaarClassifierCascade*cascade, CvMemStorage* storage, double scale_factor = 1.1,int min_neighbors = 3, int flags = 0,CvSize min_size = cvSize(0,0) );
```

(5) 为隐藏的 cascade(hidden cascade)指定图像：

```
void cvSetImagesForHaarClassifierCascade(CvHaarClassifierCascade* cascade, const CvArr* sum, const CvArr* sqsum,const CvArr* tilted_sum, double scale );
```

(6) 在给定位置的图像中运行级联分类器，用于对单幅图片的检测：

```
int cvRunHaarClassifierCascade( CvHaarClassifierCascade* cascade, CvPoint pt, int start_stage = 0 );
```

12．相机标定和三维重建

OpenCV 提供了相机标定和三维重建的相关函数，如相机标定、姿态估计和对极几何，极大地降低了研究人员的开发难度。

1) 相机标定

(1) 投影三维点到图像平面：

```
void cvProjectPoints2( const CvMat* object_points, const CvMat* rotation_vector,const CvMat* translation_vector, const CvMat* intrinsic_matrix,const CvMat* distortion_coeffs, CvMat* image_points, CvMat* dpdrot = NULL, CvMat* dpdt = NULL, CvMat* dpdf = NULL,
CvMat* dpdc = NULL, CvMat* dpddist = NULL );
```

(2) 计算两个平面之间的透视变换：

```
void cvFindHomography(const CvMat* src_points,const CvMat* dst_points,CvMat* homography );
```

(3) 利用标定来计算摄像机的内参数和外参数：

void cvCalibrateCamera2(const CvMat* object_points, const CvMat* image_points, const CvMat* point_counts, CvSize image_size, CvMat* intrinsic_matrix, CvMat* distortion_coeffs, CvMat* rotation_vectors = NULL, CvMat* translation_vectors = NULL, int flags = 0);

(4) 计算指定视图的摄像机外参数：

void cvFindExtrinsicCameraParams2(const CvMat* object_points, const CvMat* image_points, const CvMat* intrinsic_matrix, const CvMat* distortion_coeffs, CvMat* rotation_vector, CvMat* translation_vector);

(5) 进行旋转矩阵和旋转向量间的转换：

int cvRodrigues2(const CvMat* src, CvMat* dst, CvMat* jacobian = 0);

(6) 校正图像因相机镜头引起的变形：

void cvUndistort2(const CvArr* src, CvArr* dst,const CvMat* intrinsic_matrix,const CvMat* distortion_coeffs);

void cvUnDistort(const CvArr* src, CvArr* dst,const CvArr* undistortion_map, int interpolate = 1);

(7) 计算形变和非形变图像的对应(map)：

void cvInitUndistortMap(const CvMat* intrinsic_matrix, const CvMat* distortion_coeffs, CvArr* mapx, CvArr* mapy);

(8) 寻找棋盘图的内角点位置：

int cvFindChessboardCorners(const void* image, CvSize pattern_size, CvPoint2D32f* corners, int* corner_count = NULL, int flags = CV_CALIB_CB_ADAPTIVE_THRESH);

(9) 绘制检测到的棋盘角点：

void cvDrawChessboardCorners(CvArr* image, CvSize pattern_size,CvPoint2D32f* corners, int count,int pattern_was_found);

(10) 计算畸变点数组和插值系数：

void cvUnDistortInit(const CvArr* src, CvArr* undistortion_map,const float* intrinsic_ matrix, const float* distortion_coeffs, int interpolate = 1);

2) 姿态估计

(1) 初始化包含对象信息的结构：

CvPOSITObject* cvCreatePOSITObject(CvPoint3D32f* points, int point_count);

(2) 执行 POSIT 算法：

void cvPOSIT(CvPOSITObject* posit_object, CvPoint2D32f* image_points, double focal_length, CvTermCriteria criteria, CvMatr32f rotation_matrix, CvVect32f translation_vector);

(3) 释放 3D 对象结构；释放函数 cvCreatePOSITObject 分配的内存：

void cvReleasePOSITObject(CvPOSITObject** posit_object);

(4) 计算长方形或椭圆形平面对象的单应性矩阵(Homography Matrix)：

void cvCalcImageHomography(float* line, CvPoint3D32f* center,float* intrinsic, float* homography);

3) 对极几何(双视几何)

(1) 由两幅图像中对应点计算出基本矩阵：

```
int cvFindFundamentalMat( const CvMat* points1,const CvMat* points2, CvMat* fundamental_matrix, int method = CV_FM_RANSAC,double param1 = 1.,double param2 = 0.99, CvMat* status = NULL);
```

(2) 为一幅图像中的点计算其在另一幅图像中对应的对极线：

```
void cvComputeCorrespondEpilines( const CvMat* points, int which_image, const CvMat* fundamental_matrix, CvMat* correspondent_lines);
```

(3) 将点转化到 homogenious 坐标系下：

```
void cvConvertPointsHomogenious( const CvMat* src, CvMat* dst );
```

总之，OpenCV 架构提供了丰富的功能模块，为应用者提供了高效、便捷的开发工具，在物体识别、机器人、人工智能等领域都有非常大的贡献。

第六章　相机、Halcon 及 C#联调

1. Microsoft Visual Studio 安装

C# 语言是运行于.NET Framework 之上的高级程序设计语言，Visual Studio 是目前最流行的 Windows 平台应用程序的集成开发环境。建议采用 Visual Studio 2015 以上版本，基于.NET Framework 4.5.2。安装时，尽量不要修改默认路径。如有异常，则请利用网络资源排查错误。

2. Halcon 11 安装

本项目以 Halcon 版本为例，讲述 Halcon 的使用。

安装 Halcon 11 软件主要分为安装程序和配置及 Halcon 所需图像库。本程序在 Windows 7 和 Windows XP 运行已测试通过。安装流程参考如下：

(1) “以管理员身份运行”运行“Halcon-11.0.0.1-windows”，并按默认安装完成即可(记住软件所安装的路径位置，以便后面使用)。

注意：关闭升级选项，即取消“Yes，Please check for available maintenance releases”选项。

许可途径选择：当遇到“Install driver for USB dongles，Install driver for Parallel Port dongles，Install floating license server”时，不选择此选项。采用破解方法获得授权。

(2) “以管理员身份运行”运行“Halcon-11.0-images-windows”，并按默认安装完成即可。

(3) 利用“Halcon-11.0_32bit_crack”中“bin”和“license”文件覆盖 Halcon 的安装目录 MVTec/HALCON-11.0 下的文件。

注意：为了安全起见，配置系统环境变量。设置流程如下：“计算机”→“属性”→高级系统设置”→“环境变量”→“系统变量”→在 Path 中添加路径%HALCONROOT%\bin\%HALCONARCH%。

安装后，如果能正常打开 Halcon 运行程序，则安装成功。

3. 相机驱动安装及配置

(1) 安装相机厂家提供的相机驱动，可通过相机的官方网站下载，如“pylon 5.0.11 Camera Software”。建议不要安装低于 pylon 4 Camera Software 的版本，会造成无法正常连接相机。

(2) 连接相机电源，并利用网线将相机网口和电脑网口相连接。

(3) 配置电脑 IP 地址。网络→网络与共享中心→更改适配器设置→本地连接→属性

→Internet 协议版本 4(TCP/IPV4) →IP 地址：169.254.100.10　子网掩码：255.255.0.0。

(4) 配置相机参数。电脑 IP 地址和相机 IP 地址不能冲突，而且必须保证在同一个网段。打开“pylon IP Configurator”，设置“Static IP:169.254.100.11”，并保存(Save)。

为了安全起见，配置系统环境变量。设置流程如下：“计算机”→“属性”→“高级系统设置”→“环境变量”→“系统变量”→在 Path 中添加路径：所安装的路径\pylonc\bin\Win32。

如果状态提示为“OK”，则说明相机和电脑正常连接成功，如图 6-1 所示。

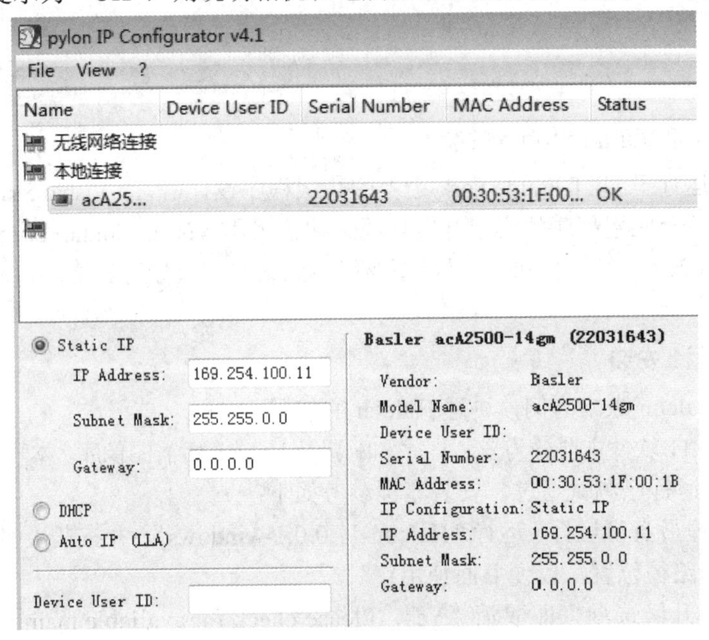

图 6-1　相机 IP 地址的配置

4. C# 与 Halcon 配置及测试方法

(1) 打开 Halcon 软件，即 HDevelp(32-bit)，如图 6-2 所示。

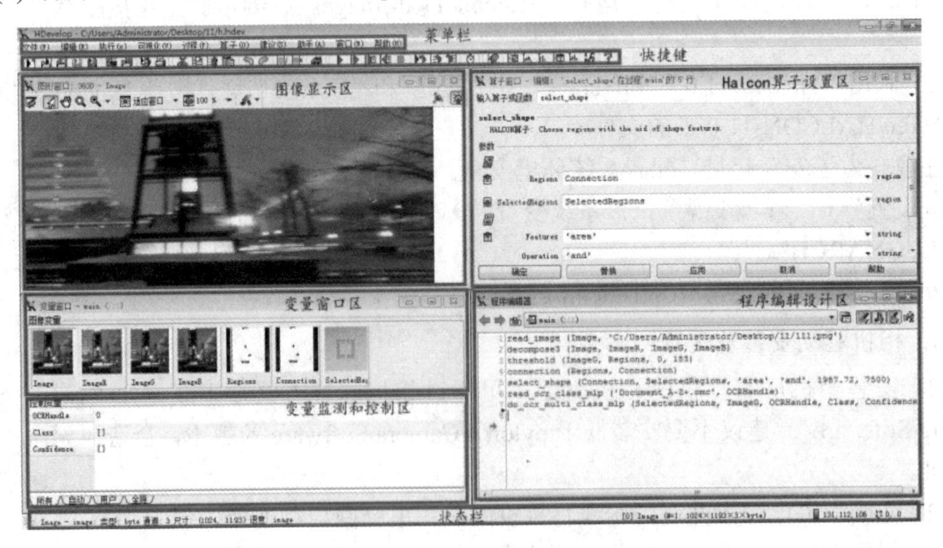

图 6-2　Halcon 软件界面及功能

(2) 在 Halcon 的程序编辑中，编写用户应用需要的函数代码。

以读取一幅图像为例，描述 Halcon 和 C# 联合编程方法，其步骤如下：

第一步，新建一个文件夹 Hello，用于存放原图像(如 number.jpg)和 Halcon 工程文件(Halcon_ReadImage.hdev)。

第二步，通过“算子窗口”输入函数，并设置算子对应参数，点击“输入”即可。代码如下：

```
dev_close_window()
read_image (Halcon_ReadImage, 'd:/number.jpg')
get_image_size(Halcon_ReadImage, Width, Height)
dev_open_window(0,0,Width,Height,'black',WindowHandle)
dev_display(Halcon_ReadImage)
```

第三步，运行并测试代码，查看结果是否满足需求。

第四步，将代码导出为 C# 语言，命名为 Halcon_Number.cs，并存放到文件夹 Halcon 工程文件中，如图 6-3 所示。注意导出语言类型为 C#-HALCON/.NET。

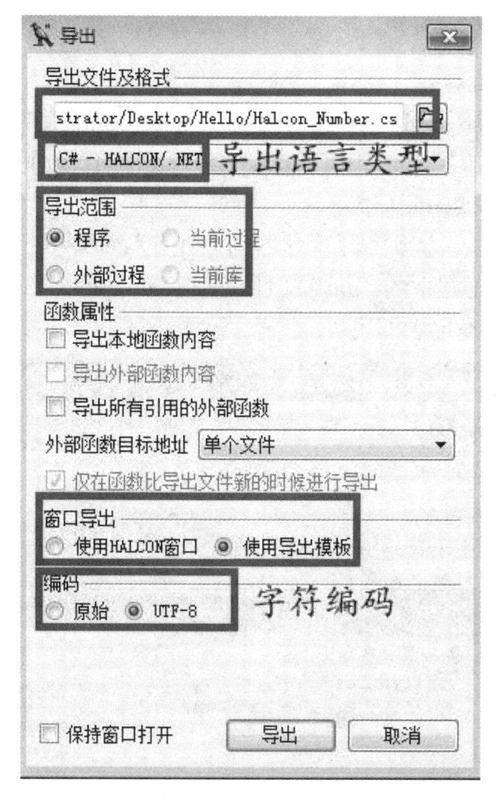

图 6-3 代码导出界面

第五步，建立 C#应用程序。

打开 Microsoft Visual Studio 2013 软件(建议 2010 版本以上)，通过“文件”中的“新建项目”，选择模板类型为“Visual C#”(如图 6-4 所示)，选择应用程序为“Windows 窗体应用程序”，名称为“Halcon_HalconCSharp”，选择目标框架为.Net Framework 4.5.2。

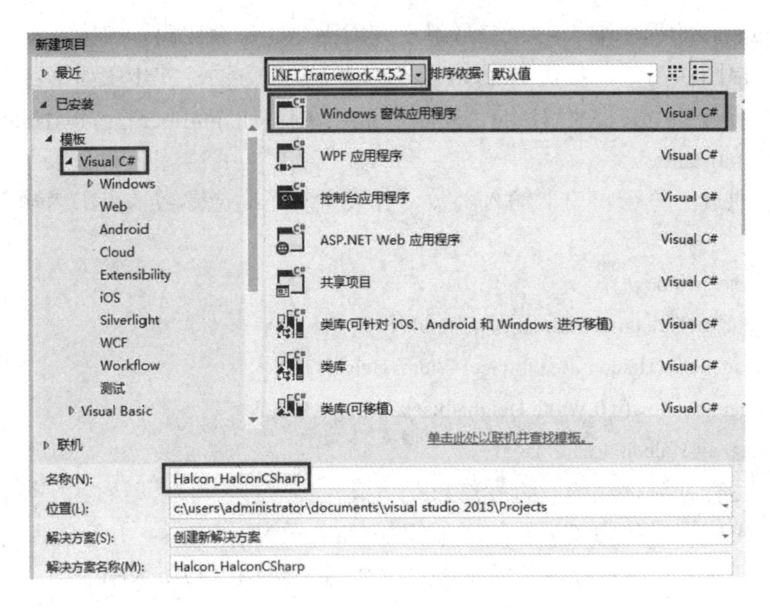

图 6-4　新建 C# 设置

第六步，配置 C# 环境。

① 将 Halcon 安装目录下 MVTec/Halcon-11.0/中的“bin”文件夹复制到 C# 程序所在的目录下，即将“bin”文件放到.sln(如：Halcon_HalconCSharp.sln)所在文件的同一文件夹下。

② 设置用户程序与 Halcon 关联。

在 C# 工程中，右击解决方案资源管理器的“引用”(如图 6-5 所示)，选择“添加引用”，通过“浏览”项，找到 C#工程下的“bin”文件夹，选“dotnet35”文件中的“halcondotnet.dll”文件，单击“添加”并“确定”即可。

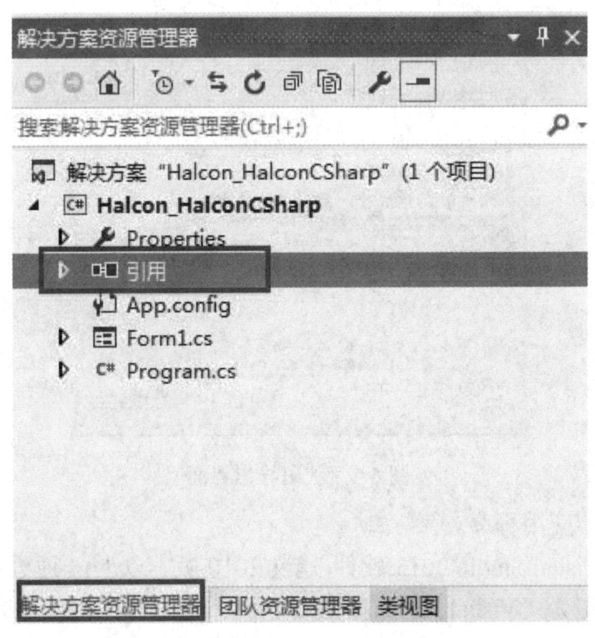

图 6-5　添加引用界面

③ 设置工具箱与 Halcon 关联。

打开“工具箱”，右击选择“选择项…”，通过“浏览”项，找到 C#工程下的“bin”文件夹，选“dotnet35”文件中的“halcondotnet.dll”文件，单击“添加”并“确定”即可。添加后，在“.NET Framework 组件”中会出现名称为“HwindowControl”的控件，选中，即可。

第七步，窗体设置。

在窗体上添加 HWindowControl 控件和 button 控件，其 Text 属性设为“读取图片”。在“工具箱”中找到控件，拖入窗体中即可。

第八步，编写 C# 代码。

① 在 Program.cs 代码中添加引用，即在 Program.cs 文件的前面添加代码：

```
Using HalconDotNet;              //添加引用
```

② 将 Halcon 导出的 HDevelopExport 类拷贝到 Program.cs 中命名空间 Halcon_HalconCSharp 中。打开 Halcon 导出的 C#代码，将 HDevelopExport 类拷贝到 Program.cs 中命名空间中即可，如图 6-6 所示。

```
using HalconDotNet;

namespace CSharp_Halcon_ReadImage        代码添加位置
{
    //注意：在第一行添加Halcon导出的C#代码
    public partial class HDevelopExport
    {
        public HTuple hv_ExpDefaultWinHandle;
        // Main procedure
        private void action()[...]
        public void InitHalcon()[...]
        public void RunHalcon(HTuple Window)[...]
    }
    static class Program
    {
        /// <summary>
        /// 应用程序的主入口点。
        /// </summary>
        [STAThread]
        static void Main()
        {
            Application.EnableVisualStyles();
            Application.SetCompatibleTextRenderingDefault(false);
            Application.Run(new Form1());
        }
    }
}
```

图 6-6　Halcon 类代码嵌入到 C#命名空间

③ 添加按钮响应事件。打开“解决方案资源管理器”的“Form1.cs”文件，双击“按钮”控件，键入按钮响应代码：

```
HDevelopExport HD = new HDevelopExport();
HD.RunHalcon(hWindowControl1.HalconWindow);
```

注意：在键入代码时，尽量使用提示功能。

第九步，运行代码，排查错误。单击按钮，查看运行结果，如图 6-7 所示。

图 6-7　Halcon 与 C#测试结果

第七章 相机、OpenCV 及 VC++ 联调

Microsoft Visual C++ (简称 Visual C++、VC++ 或 VC)是微软公司的 C++ 开发工具，具有集成开发环境，可提供编辑 C 语言、C++ 及 C++ / CLI 等编程语言。VC++ 集成了排错、视窗操作系统应用程序接口(Windows API)、三维动画 DirectX API、Microsoft .NET 框架。VC++ 的版本经历了 Microsoft Visual C++ 1.0、2.0、…、6.0、Microsoft Visual C++ 2005、2008、2010、2012、2013、2015。目前最新的版本是 Microsoft Visual C++ 2017。

1. 下载安装 OpenCV

在 OpenCV 官网网站(http://opencv.org)下载 OpenCV 源文件，找到相应 Windows 版本，双击下载可执行文件(如 opencv-2.4.13.exe)；选择安装路径，如 D:\ProgramFiles，点击“Extract”解压提取即可。

2. 环境变量配置

首先，打开环境变量设置框，具体操作为：“计算机”(或我的电脑)→“属性”→“高级系统设置”→“高级”→“环境变量”。

其次，在用户变量中新建 2 个变量：

(1) 新建变量 OpenCV，值为：D:\ProgramFiles\opencv\build。

(2) 新建变量 path，值为：D:\ProgramFiles\opencv\build\x86\vc12\bin。

注意：在 OpenCV 配置中，vc11 对应 VS2012，vc12 对应 VS2013。根据所用平台不同，需要自行配置。

最后，在系统变量中编辑变量：

在 Path 变量中，添加变量值：D:\ProgramFiles\opencv\build\x86\vc12\bin。变量添加完后，重启或注销计算机，环境变量才会生效。

3. IDE 工程项目属性配置

集成开发环境(Integrated Development Environment，IDE)用于提供程序开发环境的应用程序，一般包括代码编辑器、编译器、调试器、用户界面等工具，是集成编写功能、分析功能、编译功能、调试功能于一体的开发软件套，以微软的 Visual Studio 系列为例。

(1) 新建工程。打开 Microsoft Visual Studio 2013 软件，文件→新建→项目→Visual C++→Win32 控制台应用程序，命名为 MyFirstOpenCV→下一步→附加选项：空项目→完成。

(2) 添加源文件。打开“解决方案资源管理器”→右击 MyFirstOpenCV→添加→新建项，选择“C++ 文件(.cpp)”，命名为 MyFirstOpenCV.cpp→添加。源文件添加成功。

(3) 配置属性表和库文件。打开“属性管理器”，在“Debug | Win32”目录上选择“添

加新项目属性表”，命名为 OpenCV_Debug_Setting.props。

(4) 添加“包含目录”：打开属性表 OpenCV_Debug_Setting.props，选择“通用属性”下的“VC++ 目录”，在“包含目录”里添加 3 个目录(ProgramFiles 为自己安装 OpenCV 所在目录)：

D:\ProgramFiles\opencv\build\include\opencv2

D:\ProgramFiles\opencv\build\include\opencv

D:\ProgramFiles\opencv\build\include

在“库目录”里添加 1 个目录：

D:\ProgramFiles\opencv\build\x86\vc12\lib

添加依赖项：通用属性→链接器→输入→附加依赖项，在“附加依赖项”里添加库文件：

opencv_ml2413d.lib
opencv_calib3d2413d.lib
opencv_contrib2413d.lib
opencv_core2413d.lib
opencv_features2d2413d.lib
opencv_flann2413d.lib
opencv_gpu2413d.lib
opencv_highgui2413d.lib
opencv_imgproc2413d.lib
opencv_legacy2413d.lib
opencv_objdetect2413d.lib
opencv_ts2413d.lib
opencv_video2413d.lib
opencv_nonfree2413d.lib
opencv_ocl2413d.lib
opencv_photo2413d.lib
opencv_stitching2413d.lib
opencv_superres2413d.lib
opencv_videostab2413d.lib
opencv_ml2413.lib
opencv_calib3d2413.lib
opencv_contrib2413.lib
opencv_core2413.lib
opencv_features2d2413.lib
opencv_flann2413.lib
opencv_gpu2413.lib
opencv_highgui2413.lib
opencv_imgproc2413.lib

opencv_legacy2413.lib
opencv_objdetect2413.lib
opencv_ts2413.lib
opencv_video2413.lib
opencv_nonfree2413.lib
opencv_ocl2413.lib
opencv_photo2413.lib
opencv_stitching2413.lib
opencv_superres2413.lib
opencv_videostab2413.lib

单击“确定”和“应用”按钮，即 OpenCV 配置完成。

为了快速实现属性配置，“项目属性表”可以直接用于其他工程的属性配置，不需重复上述一步的配置；具体方法为：将属性配置文件 OpenCV_Debug_Setting.props 放置到工程目录下，在“属性管理器”中添加指定的“项目属性表”即可。

4．OpenCV 测试

在程序的源文件 MyFirstOpenCV.cpp 中加入如下代码，将 ny_banner1.jpg 图片放到 MyFirstOpenCV\MyFirstOpenCV 目录下，用于在窗口中显示一幅图片。

```
#include <iostream>
#include <core/core.hpp>
#include <highgui/highgui.hpp>
using namespace cv;
using namespace std;
int main()
{
    //读入图片，注意图片路径
    Mat image = imread("ny_banner1.jpg");
    //图片读入成功与否判定
    if (!image.data)
    {
        cout << "you idiot！ where did you hide lena！ " << endl;
        //等待按键
        system("pause");
        return -1;
    }
    //创建一个名字为“Lena”的图像显示窗口，(不提前声明也可以)
    namedWindow("西安工程大学-罗博泰尔 机器人感知联合实验室",
                    CV_WINDOW_AUTOSIZE);
    //显示图像
```

```
    imshow("西安工程大学-罗博泰尔 机器人感知联合实验室", image);
    //等待按键
    waitKey(0);
    return 0;
}
```

如果程序调试时，出现 msvcp110d.dll 丢失问题，则此错误是由支持库 debug 版本与运行环境是 release 版本不一致而造成的。解决方法：msvcp110d.dll 库是 debug 版本库文件，库文件名字后边带 d 的均为调试版本库。release 版发布需要的库是 msvcp110.dll，解决方法是把项目属性表的“附加依赖项”中所有库改为 release 版本，即将所有库文件末位为 d 的文件删除，如 msvcp110d.dll 修改为 msvcp110.dll。

如果成功显示，则说明程序运行成功，如图 7-1 所示。

图 7-1　openCV 与 VC 运行界面

第八章　机器视觉应用案例

8.1　基础知识储备

8.1.1　获取相机参数和信息

1．获取相机输出参数

打开 halcon HDevelop 软件，选择菜单“助手”中的“打开新的 Image Acquisition”选项。在“资源”框中，选择“图像获取接口”，单击“检测”按钮即可得到相机输出接口，如 GigEVision(如图 8-1 所示)。在“连接”框中，选择“连接”和“检测”，并在“代码生成”框下，单击“插入代码”按钮即可获得相机参数和代码。

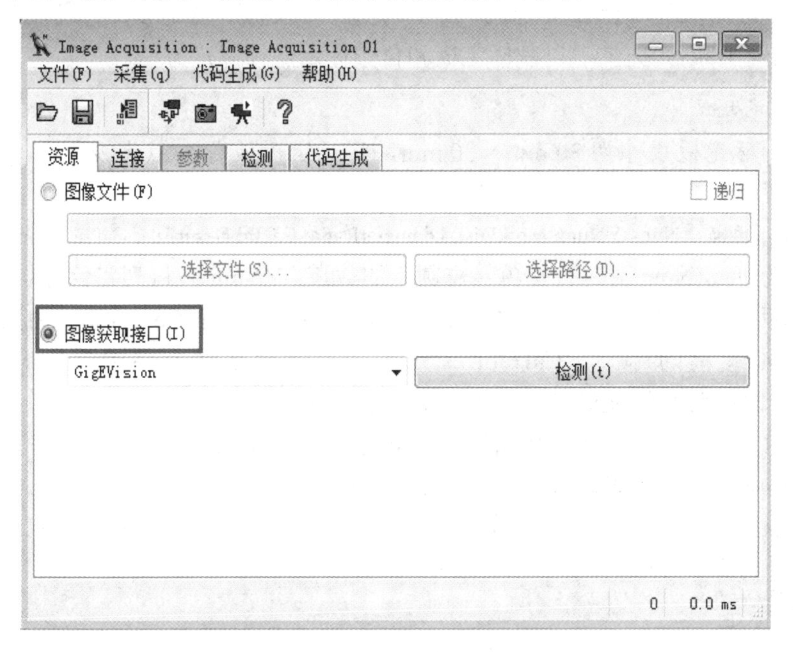

图 8-1　Halcon 获取相机输出接口界面

2．查看相机实时输出结果

选择“连接”选项，单击“连接”和“实时”按钮，在“图形窗口”中即可观测到实时输出的图像，如图 8-2 所示。

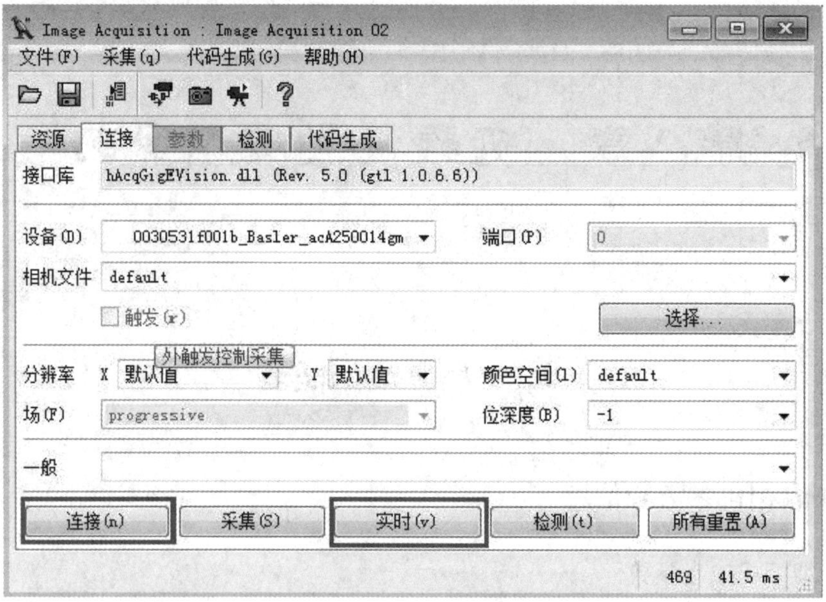

图 8-2　连接相机界面

8.1.2　相机标定

摄像头拍摄图像时，会不同程度地发生畸变。图像的扭曲变形具有线性特征，可通过算法进行矫正。Halcon 提供了自制标定板和自带标定两种标定方法。

1. 自制标定板

一般选用标定板尺寸为 30 mm × 30 mm，将标定板放置在镜头视野内来实现标定。Halcon 提供了制作标定板的程序，制作标定板算子如下所示：

```
gen_caltab(::XNum, YNum, MarkDist, DiameterRatio, CalTabDescrFile, CalTabPSFile :)
```

参数含义为：XNum 为每行黑色标志圆点的数量，YNum 为每列黑色标志圆点的数量，MarkDist 为两个就近黑色圆点中心之间的距离(单位：m)，DiameterRatio 为黑色圆点直径与两圆点中心距离的比值，CalTabDescrFile 为标定板描述文件的文件路径(.descr)，CalTabPSFile 为标定板图像文件的文件路径(.ps)。

利用 Halcon 算子制作一个 30 mm × 30 mm 的标准标定板，如下所示：

```
gen_caltab(7, 7, 0.00375, 0.5, 'D:/30_30.descr', 'D:/30_30.ps')
```

黑色圆点 7 行 7 列；外边框尺寸为 30 mm × 30 mm，黑色圆点半径为 0.9375 mm(3.75/4)，圆点中心间距为 3.75 mm。

2. 自带标定

在 Halcon 中，选择菜单“助手”中的“打开新的 Callibration”选项，弹出如图 8-3 所示的窗口。

(1) 选择模板。在“安装”选项中，“描述文件”选为“caltab_30mm.descr”，该文件在安装目录 MVTec/HALCON-11.0/calib/caltab_30mm.descr 下，如图 8-3 所示。

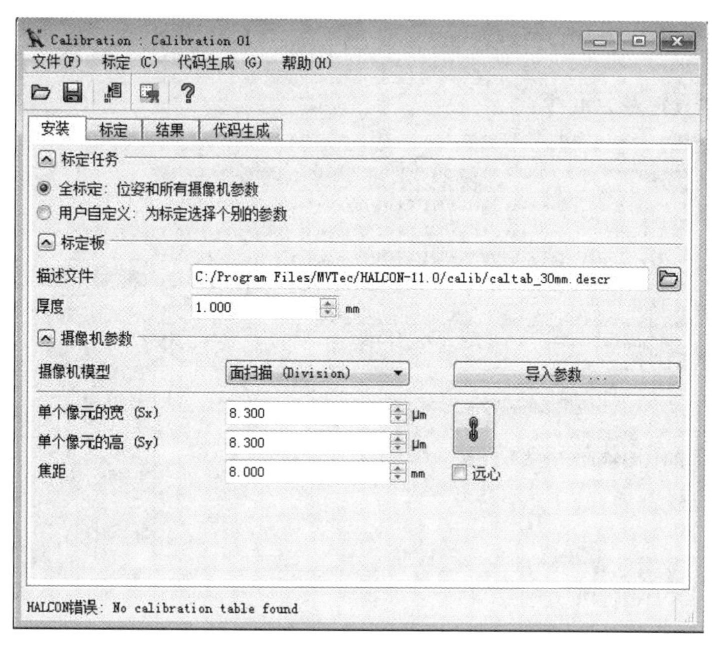

图 8-3　相机标定

(2) 加载标定板图像。在“标定”选项中，选择“图像文件”并加载，图像文件在 Halcon 安装路径“MVTec\HALCON-11.0\examples\images\scratch”中，或者选择“图像采集助手”，将标定板放在相机视野范围内，单击“采集”按钮即可，如图 8-4 所示。

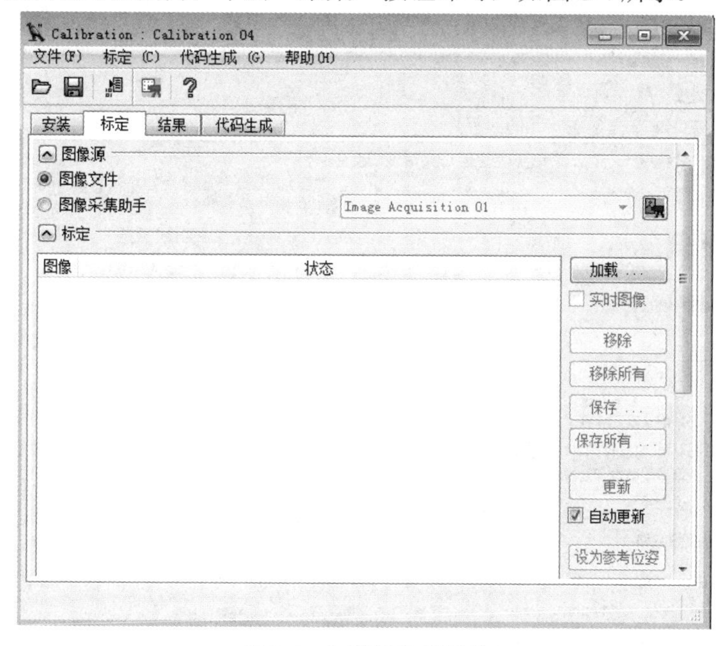

图 8-4　加载标定板图像

(3) 滤除低品质图像。在“标定”选项中，加载好图像后，点击“设为参考位姿”按钮，并将“警告级别”设置为“70”，检测出品质问题的所有图片，点击“标定”按钮完成标定，如图 8-5 所示。

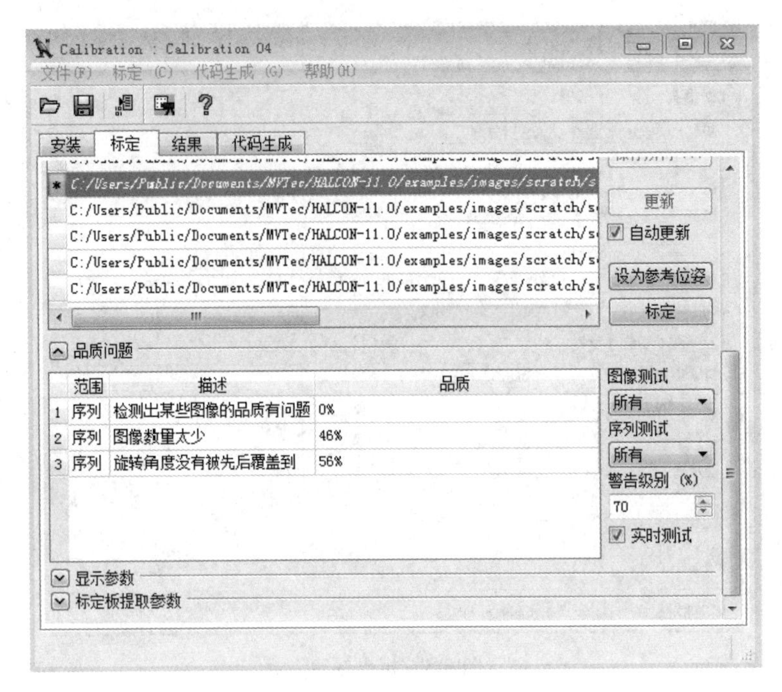

图 8-5　滤除低品质图像

(4) 生成代码。在“代码生成”选项下，设置“生成的模式”为“标定数据(Tuple)”，点击“插入代码”按钮，标定代码则插入到了“程序编辑器”中，如图 8-6 所示。

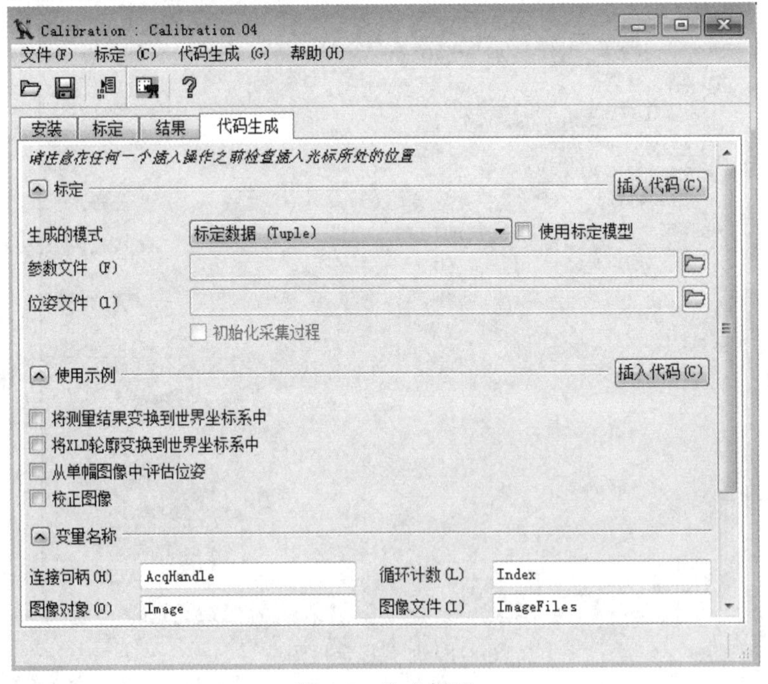

图 8-6　生成代码

代码如下：

```
CameraParameters := [0.01843, -587.117, 8.35086e-006, 8.3e-006, 273.015, 274.109, 640, 480]
```

```
CameraPose := [-0.0113543, -0.0179359, 0.294733, 11.5226, 31.8651, 268.142, 0]
stop ()
```

Halcon 相机标定过程示例代码如下：

```
1  read_image(Image,'pioneer')
2  dev_display (Image)
3  stop()
4  rgb1_to_gray(Image,GrayImage)
5  CamParOriginal: = [0.00219846, -78129.2, 5.46495e-06, 5.5e-06, 318.206, 236.732, 640, 480]
6  CamParVirtualFixed := CamParOriginal
7  CamParVirtualFixed[1] := 0
8  gen_radial_distortion_map(MapFixed, CamParOriginal, CamParVirtualFixed,'bilinear')
9  map_image(GrayImage, MapFixed, ImageRectifiedFixed)
```

程序解释：语句 1、2 读取系统中图像 'pioneer'，命名为 Image，并显示图像；语句 3 表示程序暂停一下；语句 4 将 rgb 图像转换为灰度图像；语句 5、6、7 为标定参数；语句 8 产生径向畸变映射图，MapFixed 是输出，CamParOriginal 为标定后的参数，CamParVirtualFixed 是输出的参数，'bilinear' 为映射类型；语句 9 利用映射消除图像畸变算子。

在运行 Halcon 程序后，可消除图像畸变。

8.2　机器视觉应用

8.2.1　二维码识别

从硬件上看，机器视觉应用平台主要由工业相机、工业计算机(或 PC 机)、光源、支架等组成。从软件功能上看，软件主要分为主程序部分、相机基本功能算法实现部分和视觉算法处理部分三部分。主程序部分主要包括各类控件函数、子函数、初始化函数等；相机基本功能算法实现部分包括相机的打开、采集数据、传输数据等；视觉算法处理部分包括二维码的识别及显示功能等。

软件设计包括软件界面设计和软件程序设计。

1. 软件界面设计

根据需求，增加控件，设置控制属性，以设计友好的人机界面。本应用中，为了规范命名，特规定控件命名规则为：

XPU_控件缩写_控件含义

(1) 添加 7 个菜单项控件类型(MenuStrip)，用于引导用户执行相应的操作。

控件属性：Name(XPU_TSM_LinkCamera)、Text(相机连接)。

控件属性：Name(XPU_TSM_OneShot)、Text(单幅采集)。

控件属性：Name(XPU_TSM_ContinuousShot)、Text(连续采集)。

控件属性：Name(XPU_TSM_Stop)、Text(停止采集)。

控件属性：Name(XPU_TSM_ContinuousShot)、Text(连续采集)。

控件属性：Name(XPU_TSM_OpenImage)、Text(打开图像)。

控件属性：Name(XPU_TSM_SaveImage)、Text(保存图像)。

(2) 添加 2 个列表控件类型(ListView)：用于按照列表显示格式化后的数据，可增加软件界面的美观性。一个列表控件用于显示相机参数；另一列表控件显示输入输出的消息。

显示相机控件属性为：Name(XPU_LV_DeviceListView)、View(Tile)、HeaderStyle(Clickable)、Dock(Top)。

显示输入输出控件属性为：Name(XPU_LV_ListViewMessage)、View(Details)、HeaderStyle(NonClickable)、Dock(Fill)、集合(Name(ColumHeader)、Text(详细)(ListViewDevice)。

(3) 添加 HWindowControl 控件：从“工具箱”中找到 HWindowControl 控件拖入窗体即可。HWindowControl 控件属性：Name(XPU_hWindowControl)、Dock(Fill)。

2. 软件程序设计

软件程序设计主要包括各类库的包含、主程序、相机程序、二维码识别程序等模块。在程序设计时，建议相机参数设置 Gain(Raw)为 0，Exposure Time(Raw)为 35 000，Width 为 2592，Height 为 1944。

1) 连接相机

第一步，界面设计。在原有基础上增加控件类型并设置属性。增加窗体控件、HWindowControl 控件、ListView 控件、Timer 控件各一个。

窗体控件属性：Size(1139, 768)、Text(西安工程大学机器人与智能装备技术研究所)。

HWindowControl 控件属性为：Name(XPU_hWindowControl)、Size(854, 649)、ImagePart(0, 0, 2592, 1944)。宽与高之比必须为 4∶3，否则无法得到理想的效果。

按钮属性：Name(XPU_TSM_LinkCamer)、Text(相机连接)。

ListView 控件属性为：Name(XPU_LV_DeviceListView)、Dock(Fill)、HeaderStyle(Clickable)、Dock(Top)。

Timer 控件属性：Name(XPU_Timer_UpdateDeviceList)、Enable(True)、Internal(5000)。

第二步，关联相机资源。将工业相机动态连接库(PylonC.NET.dll、PylonC.NET.xml、PylonC.NETSupportLibrary.dll、PylonC.NETSupportLibrary.dll)中四个文件放入用户应用程序的目录下新建的“bin”文件中。

第三步，链接“动态链接库”。在“解决方案资源管理器”中“引用”相机动态链接库，并在主函数 Form_Mains.cs 文件头中声明相机动态库和 Halcon 动态库。

```
using PylonC.NET;                    // Basler
using PylonC.NETSupportLibrary;      // Basler
```

第四步，连接相机。

(1) 设置主程序入口。打开 Program.cs，添加相机库函数(using PylonC.NET)，并添加如下代码，以实现正确引导。

```
using System;
using System.Collections.Generic;
```

```
using System.Linq;
using System.Threading.Tasks;
using System.Windows.Forms;
using PylonC.NET;
namespace Code2Scanner
{
    static class Program
    {
        /// <summary>
        /// 应用程序的主入口点。
        /// </summary>
        [STAThread]
        static void Main()
        {
            #if DEBUG
            /* This is a special debug setting needed only for GigE cameras.See 'Building Applications
                with pylon' in the Programmer's Guide. */
              Environment.SetEnvironmentVariable("PYLON_GIGE_HEARTBEAT", "300000" /*ms*/);
            #endif
            Pylon.Initialize();
            try
            {
                Application.EnableVisualStyles();
                Application.SetCompatibleTextRenderingDefault(false);
                Application.Run(new Form_Main());
            }
            catch
            {
                Pylon.Terminate();
                throw;
            }
            Pylon.Terminate();
        }
    }
}
```

(2) 实例化一个相机。在 Form_Main.cs 中 public partial class Form_Main : Form 的第一行上加入代码：

private ImageProvider XPU_m_imageProvider = new ImageProvider();

(3) 为了软件鲁棒稳定，打开相机前先停止相机捕获图像。实现方法为在 Form_Main.cs

中 public Form_Main()函数后定义 Stop()函数。

```
private void Stop()
{
    /* Stop the grabbing. */
    try
    {
        XPU_m_imageProvider.Stop();
    }
    catch (Exception e)
    {
        ShowException(e, XPU_m_imageProvider.GetLastErrorMessage()); //参见后
    }
}
private void CloseTheImageProvider()
{
    /* Close the image provider. */
    try
    {
        XPU_m_imageProvider.Close();
    }
    catch (Exception e)
    {
        ShowException(e, XPU_m_imageProvider.GetLastErrorMessage()); //参见后
    }
}
/* Shows exceptions in a message box. */
private void ShowException(Exception e, string additionalErrorMessage)
{
    string more = "\n\nLast error message:\n" + additionalErrorMessage;
    MessageBox.Show(string.Format("Exception caught:\n{0}{1}", e.Message,
            (additionalErrorMessage.Length > 0 ? more : "")), "Error", MessageBoxButtons.OK,
          MessageBoxIcon.Error);
}
```

(4) 连接相机。给“连接相机”按钮编写代码：

```
private void XPU_TSM_LinkCamera_Click(object sender, EventArgs e)
{
    /* Close the currently open image provider. */
    /* Stops the grabbing of images. */
    Stop();
```

```
        /* Close the image provider. */
        CloseTheImageProvider();
        XPU_LV_DeviceListView.Select();
        /* Open the selected image provider. */
        if (XPU_LV_DeviceListView.SelectedItems.Count > 0)
        {
            /* Get the first selected item. */
            ListViewItem item = XPU_LV_DeviceListView.SelectedItems[0];
            /* Get the attached device data. */
            DeviceEnumerator.Device device = item.Tag as DeviceEnumerator.Device;
            try
            {
                /* Open the image provider using the index from the device data. */
                XPU_m_imageProvider.Open(device.Index);
            }
            catch (Exception ex)
            {
                ShowException(ex, XPU_m_imageProvider.GetLastErrorMessage());
            }
        }
    }
```

(5) 编写ListView控件事件。第一是“选择变化事件”；第二是“更新设备列表事件”；第三是“计时器变化事件”。

① 选择变化事件：

```
    /* Handles the selection of cameras from the list box. The currently open device is closed and the first
selected device is opened. */
    private void XPU_LV_DeviceListView_SelectedIndexChanged(object sender, EventArgs ev)
    {
        /* Close the currently open image provider. */
        /* Stops the grabbing of images. */
        Stop();
        /* Close the image provider. */
        CloseTheImageProvider();
        /* Open the selected image provider. */
        if (XPU_LV_DeviceListView.SelectedItems.Count > 0)
        {
            /* Get the first selected item. */
            ListViewItem item = XPU_LV_DeviceListView.SelectedItems[0];
            /* Get the attached device data. */
```

```
        DeviceEnumerator.Device device = item.Tag as DeviceEnumerator.Device;
        try
        {
            /* Open the image provider using the index from the device data. */
            XPU_m_imageProvider.Open(device.Index);
        }
        catch (Exception e)
        {
            ShowException(e, XPU_m_imageProvider.GetLastErrorMessage());
        }
    }
}
```

② 更新设备列表事件：

```
/* Updates the list of available devices in the upper left area. */
private void XPU_UpdateDeviceList()
{
    try
    {
        /* Ask the device enumerator for a list of devices. */
        List<DeviceEnumerator.Device> list = DeviceEnumerator.EnumerateDevices();
        ListView.ListViewItemCollection items = XPU_LV_DeviceListView.Items;
        /* Add each new device to the list. */
        foreach (DeviceEnumerator.Device device in list)
        {
            bool newitem = true;
            /* For each enumerated device check whether it is in the list view. */
            foreach (ListViewItem item in items)
            {
                /* Retrieve the device data from the list view item. */
                DeviceEnumerator.Device tag = item.Tag as DeviceEnumerator.Device;
                if (tag.FullName == device.FullName)
                {
                    /* Update the device index. The index is used for opening the camera. It may
                    change when enumerating devices. */
                    tag.Index = device.Index;
                    /* No new item needs to be added to the list view */
                    newitem = false;
                    break;
                }
```

```
                }
                /* If the device is not in the list view yet the add it to the list view. */
                if (newitem)
                {
                    ListViewItem item = new ListViewItem(device.Name);
                    if (device.Tooltip.Length > 0)
                    {
                        item.ToolTipText = device.Tooltip;
                    }
                    item.Tag = device;
                    /* Attach the device data. */
                    XPU_LV_DeviceListView.Items.Add(item);
                }
            }
            /* Delete old devices which are removed. */
            foreach (ListViewItem item in items)
            {
                bool exists = false;
              /* For each device in the list view check whether it has not been found by device enumeration. */
                foreach (DeviceEnumerator.Device device in list)
                {
                    if (((DeviceEnumerator.Device)item.Tag).FullName == device.FullName)
                    {
                        exists = true;
                        break;
                    }
                }
                /* If the device has not been found by enumeration then remove from the list view. */
                if (!exists)
                {
                    XPU_LV_DeviceListView.Items.Remove(item);
                }
            }
        }
        catch (Exception e)
        {
            ShowException(e, XPU_m_imageProvider.GetLastErrorMessage());
        }
    }
```

③ 计时器变化事件：

```
/*Timer callback used for periodically checking whether displayed devices are still attached to the PC. */
private void XPU_UpdateDeviceListTimer_Tick(object sender, EventArgs e)
{
    XPU_UpdateDeviceList();
}
```

上述程序已测试成功，如图 8-7 所示。

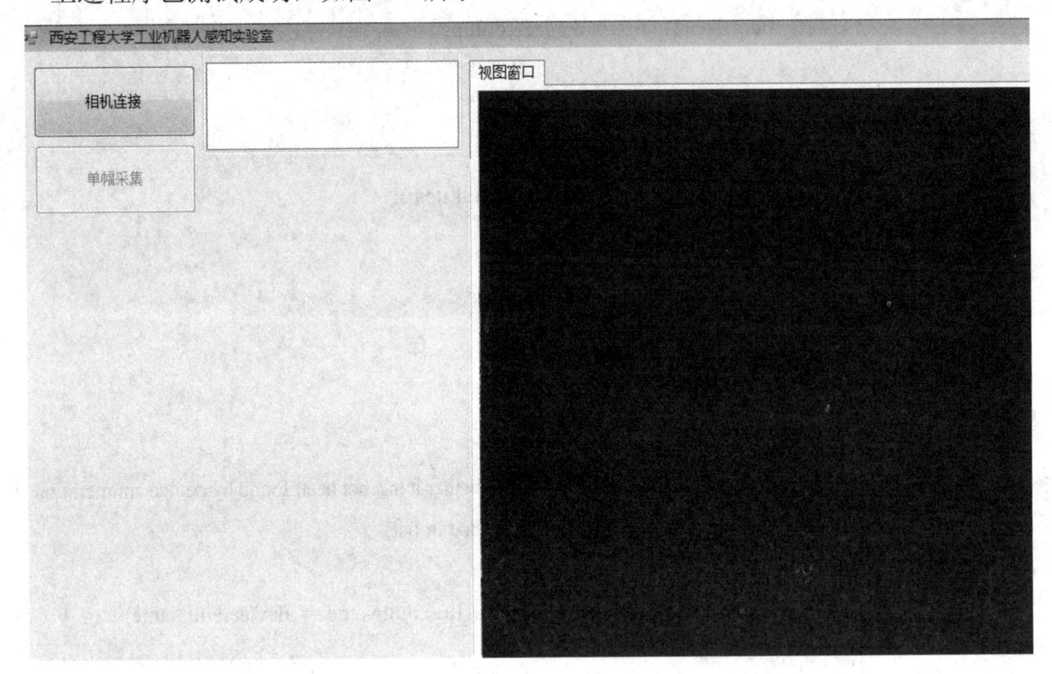

图 8-7　相机测试成功界面

2) 单幅采集

第一步，在原有基础上，增加按钮、TabControl 控件及设置属性。

按钮控件属性为：Name(XPU_TSM_OneShot)、Text(单幅采集)。

TabControl 控件属性为：Name(XPU_TC_Tab)、Size(868,，680)。

声明全局代码如下：

```
public static HImage HoImage;                 // 全局变量　Halcon 用的图像变量
private Bitmap XPU_m_bitmap = null;           /* The bitmap is used for displaying the image. */
    bool check = false;
```

第二步，编写按钮代码。

① 增加“单幅采集”按钮，单击事件，代码如下：

```
private void XPU_TSM_OneShot_Click(object sender, EventArgs e)
{
    XPU_OneShot(); /* Starts the grabbing of one image. */
}
```

② 在按钮事件代码之前首先编写 XPU_OneShot 函数：

```
private void XPU_OneShot()
{
    try
    {
        XPU_m_imageProvider.OneShot(); /* Starts the grabbing of one image. */
    }
    catch (Exception e)
    {
        ShowException(e, XPU_m_imageProvider.GetLastErrorMessage());
    }
}
```

③ 在 Form_Main()函数中注册：

```
XPU_m_imageProvider.GrabErrorEvent += new
    ImageProvider.GrabErrorEventHandler(XPU_OnGrabErrorEventCallback);
XPU_m_imageProvider.DeviceRemovedEvent += new
    ImageProvider.DeviceRemovedEventHandler(XPU_OnDeviceRemovedEventCallback);
XPU_m_imageProvider.DeviceOpenedEvent += new
    ImageProvider.DeviceOpenedEventHandler(XPU_OnDeviceOpenedEventCallback);
XPU_m_imageProvider.DeviceClosedEvent += new
    ImageProvider.DeviceClosedEventHandler(XPU_OnDeviceClosedEventCallback);
XPU_m_imageProvider.GrabbingStartedEvent += new
    ImageProvider.GrabbingStartedEventHandler(XPU_OnGrabbingStartedEventCallback);
XPU_m_imageProvider.ImageReadyEvent += new
    ImageProvider.ImageReadyEventHandler(XPU_OnImageReadyEventCallback);
XPU_m_imageProvider.GrabbingStoppedEvent += new
    ImageProvider.GrabbingStoppedEventHandler(XPU_OnGrabbingStoppedEventCallback);
```

④ 实现相机设备基本代码。基本代码包括：

- XPU_OnGrabErrorEventCallback 代码：

```
/* Handles the event related to the occurrence of an error while grabbing proceeds. */
private void XPU_OnGrabErrorEventCallback(Exception grabException, string additionalErrorMessage)
{
    if (InvokeRequired)
    {   /* If called from a different thread, we must use the Invoke method to marshal the call to
        the proper thread. */
        BeginInvoke(new ImageProvider.GrabErrorEventHandler(XPU_OnGrabErrorEventCallback),
                    grabException, additionalErrorMessage);
        return;
    }
```

```
        ShowException(grabException, additionalErrorMessage);
    }
```

- XPU_OnDeviceRemovedEventCallback 代码：

```
/* Handles the event related to the removal of a currently open device. */
private void XPU_OnDeviceRemovedEventCallback()
{
    if (InvokeRequired)
    {       /* If called from a different thread, we must use the Invoke method to marshal the call to
            the proper thread. */
        BeginInvoke(new ImageProvider.DeviceRemovedEventHandler(XPU_
                    OnDeviceRemovedEventCallback));
        return;
    }
    XPU_EnableButtons(false, false); /* Disable the buttons. */
    Stop();/* Stops the grabbing of images. */
    CloseTheImageProvider();    /* Close the image provider. */
    XPU_UpdateDeviceList();/* Since device is gone, the list needs to be updated.*/
}
```

- XPU_OnDeviceOpenedEventCallback 代码：

```
/* Handles the event related to a device being open. */
private void XPU_OnDeviceOpenedEventCallback()
{
    if (InvokeRequired)
    {     /* If called from a different thread, we must use the Invoke method to marshal the call
          to the proper thread. */
        BeginInvoke(new ImageProvider.DeviceOpenedEventHandler(XPU_
            OnDeviceOpenedEventCallback));
        return;
    }
    XPU_EnableButtons(true, false); /* The image provider is ready to grab. Enable the grab    buttons. */
}
```

- XPU_OnDeviceClosedEventCallback 代码：

```
/* Handles the event related to a device being closed. */
private void XPU_OnDeviceClosedEventCallback()
{
    if (InvokeRequired)
    {     /* If called from a different thread, we must use the Invoke method to marshal the call to
        the proper thread. */
        BeginInvoke(new ImageProvider.DeviceClosedEventHandler(XPU_
```

```
                    OnDeviceClosedEventCallback));
        return;
    }
    XPU_EnableButtons(false, false); /* The image provider is closed. Disable all buttons. */
}
```

- XPU_OnGrabbingStartedEventCallback 代码：

```
/* Handles the event related to the image provider executing grabbing. */
private void XPU_OnGrabbingStartedEventCallback()
{
    if (InvokeRequired)
    {
        /* If called from a different thread, we must use the Invoke method to marshal the call to
            the proper thread. */
        BeginInvoke(new ImageProvider.GrabbingStartedEventHandler(XPU_
                    OnGrabbingStartedEventCallback));
        return;
    }
    /* Do not update device list while grabbing to avoid jitter because the GUI-Thread is blocked
    for a short time when enumerating. */
    XPU_Timer_UpdateDeviceList.Stop();
    XPU_EnableButtons(false, true);     /* The image provider is grabbing. Disable the grab buttons.
                                         Enable the stop button. */
}
```

- XPU_OnGrabbingStoppedEventCallback 代码：

```
/* Handles the event related to the image provider having stopped grabbing. */
private void XPU_OnGrabbingStoppedEventCallback()
{
    if (InvokeRequired)
    {
        /* If called from a different thread, we must use the Invoke method to marshal the call
        to the proper thread. */
        BeginInvoke(new ImageProvider.GrabbingStoppedEventHandler(XPU_
                    OnGrabbingStoppedEventCallback));
        return;
    }
    XPU_Timer_UpdateDeviceList.Start();     /* Enable device list update again */
    /* The image provider stopped grabbing. Enable the grab buttons. Disable the stop button.*/
    XPU_EnableButtons(XPU_m_imageProvider.IsOpen, false);
}
```

```
public static bool ProcessingFlag = false;
```

- XPU_OnImageReadyEventCallback 代码：

```
/* Handles the event related to an image having been taken and waiting for processing. */
private void XPU_OnImageReadyEventCallback()
{
    if (InvokeRequired)
    {   /* If called from a different thread, we must use the Invoke method to marshal the call to
        the proper thread. */
        BeginInvoke(new ImageProvider.ImageReadyEventHandler(XPU_
                    OnImageReadyEventCallback));
        return;
    }
    try
    {   /* Acquire the image from the image provider. Only show the latest image. The camera
        may acquire images faster than images can be displayed*/
        ImageProvider.Image XPU_image = XPU_m_imageProvider.GetLatestImage();
        /* Check if the image has been removed in the meantime. */
        if (XPU_image != null)
        {   /* Check if the image is compatible with the currently used bitmap. */
          if (BitmapFactory.IsCompatible(XPU_m_Bitmap, XPU_image.Width,
                    XPU_image.Height, XPU_image.Color))
          {
            BitmapFactory.UpdateBitmap(XPU_m_Bitmap, XPU_image.Buffer, XPU_image.Width,
            XPU_image.Height, XPU_image.Color); /* Update the bitmap with the image data. */
            /* To show the new image, request the display control to update itself. */
          }
          else /* A new bitmap is required. */
          {
              BitmapFactory.CreateBitmap(out XPU_m_Bitmap, XPU_image.Width,
                            XPU_image.Height, XPU_image.Color);
              BitmapFactory.UpdateBitmap(XPU_m_Bitmap, XPU_image.Buffer,
                            XPU_image.Width, XPU_image.Height, XPU_image.Color);
          }
          if (ProcessingFlag == false)
          {
              try
              {
                  ProcessingFlag = true;
                  //开始算法处理
```

```
                    HoImage = HImageConvertFromBitmap(XPU_m_Bitmap);
                    //图像格式与 Halcon 图形变量 HImage 转换
                    //拷贝图像副本
                    HImage inimage = HoImage;
                    if (check == false)
                    {               //用 Halcon 的方式显示
                        HOperatorSet.DispObj(inimage, XPU_hWindowControl.HalconWindow);
                    }
                    ProcessingFlag = false;
                }
                catch (Exception ex)
                {
                    MessageBox.Show("Error at " + ex);
                }
                finally
                {
                    ProcessingFlag = false;
                }
                /* The processing of the image is done. Release the image buffer. */
                XPU_m_imageProvider.ReleaseImage();
                /* The buffer can be used for the next image grabs. */
            }
        }
    }
    catch (Exception e)
    {
        ShowException(e, XPU_m_imageProvider.GetLastErrorMessage());
    }
}
```

⑤ 图像格式与 Halcon 图形变量 HImage 转换函数，代码如下：

```
private HImage HImageConvertFromBitmap(Bitmap srcBitmap)
{
    HImage himg = null;
    try
    {
        Rectangle srcRect = new Rectangle(0, 0, srcBitmap.Width, srcBitmap.Height); //位图矩形
        System.Drawing.Imaging.BitmapData srcBmpData = srcBitmap.LockBits(srcRect,
        System.Drawing.Imaging.ImageLockMode.ReadOnly, srcBitmap.PixelFormat);
        //以可读写的方式锁定整个位图区域,
```

```
            IntPtr ptrSrc = srcBmpData.Scan0;            //得到图像的首地址
            himg = new HImage("byte", srcBitmap.Width, srcBitmap.Height, ptrSrc);
            srcBitmap.UnlockBits(srcBmpData);            //解锁
        }
        catch (Exception ex)
        {
            string errstr = "CopyIamge 错误：" + ex;
            MessageBox.Show(errstr);
        }
        return himg;
    }
```

⑥ XPU_EnableButtons 代码如下：

```
    private void XPU_EnableButtons(bool canGrab, bool canStop)
    {
        XPU_TSM_OneShot.Enabled = canGrab;
    }
```

第三步，新建工程 Pylon.NETSupportLibrary，该工程中包含相机操作的若干函数。

在“解决方案资源管理器”的“解决方案”下“添加”“新建项目”“类库”Pylon.NETSupportLibrary.cs，建立三个“类”程序：BitmapFactory.cs、DeviceEnumerator.cs、ImageProvider.cs，或直接将已有的 Pylon.NETSupportLibrary.cs 添加进来，并在主函数中“引用”相机动态链接库。

第四步，测试。点击“单幅采集”按钮，测试成功，如图 8-8 所示。

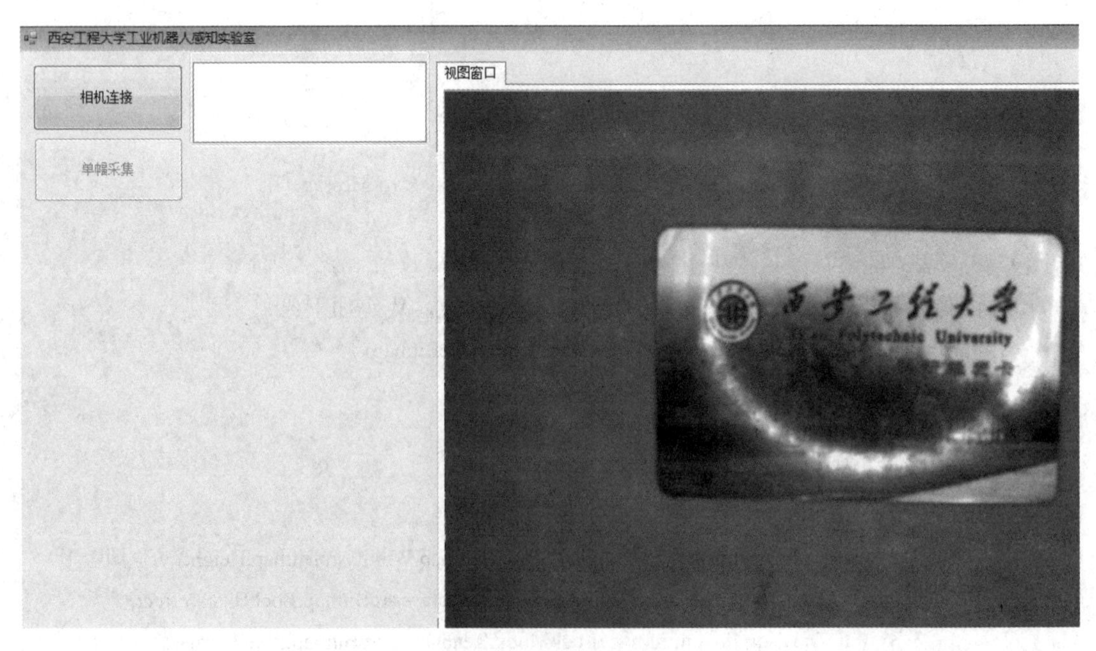

图 8-8　单幅采集界面

3) 相机参数设置的用户控件

通过“用户控件”方法实现相机参数的设置：首次建立用户控件，需运行程序。运行后可自动添加到“工件箱”中；然后，将用户控件直接拖入需要的窗体中，设置响应参数即可。

(1) 设计用户控件。

建立用户控件：在“Pylon.NETSupportLibrary”下“添加”“用户控件”项目，命名为EnumerationComboBoxUserControl.cs。

在 EnumerationComboBoxUserControl.cs 设计下，添加文本输入控件(Label)(属性：Name(XPU_LN_LabelName)、Text (ValueName:))和组合框(comboBox)(属性：Name(XPU_CB_comboBox)、DropDownStyle(DropDownList))。

(2) 编写用户控件功能代码。

第一步，声明头文件函数。

```
using PylonC.NETSupportLibrary;
using PylonC.NET;
```

第二步，声明用户变量及函数。

```
private string name = "ValueName"; /* The name of the node. */
private ImageProvider XPU_m_imageProvider = null;   /* The image provider providing the node
                                                       handle and status events. */
private NODE_HANDLE XPU_m_hNode = new NODE_HANDLE(); /* The handle of the node. */
private NODE_CALLBACK_HANDLE XPU_m_hCallbackHandle = new NODE_CALLBACK_
HANDLE(); /* The handle of the node callback. */
private NodeCallbackHandler XPU_m_nodeCallbackHandler = new NodeCallbackHandler();
/* The callback handler. */
```

第三步，连接相机参数。

```
/* Used for connecting an image provider providing the node handle and status events. */
public ImageProvider XPU_MyImageProvider
{
    set
    {
        XPU_m_imageProvider = value;
        /* Image provider has been connected. */
        if (XPU_m_imageProvider != null)
        {       /* Register for the events of the image provider needed for proper operation.*/
            XPU_m_imageProvider.DeviceOpenedEvent += new
                ImageProvider.DeviceOpenedEventHandler(XPU_DeviceOpenedEventHandler);
            XPU_m_imageProvider.DeviceClosingEvent += new
                ImageProvider.DeviceClosingEventHandler(XPU_DeviceClosingEventHandler);
            XPU_UpdateValues();   /* Update the control values. */
        }
        else        /* Image provider has been disconnected. */
```

```
            {
                XPU_Reset();
            }
        }
    }
```

第四步，定义“用户控件”节点新的属性。

```
    [Description("The GenICam node name representing an enumeration, e.g. TestImageSelector. The
pylon Viewer tool feature tree can be used to get the name and the type of a node.")]
    public string NodeName
    {
        get { return name; }
        set { name = value; XPU_LN_LabelName.Text = name + ":"; }
    }
```

第五步，相机事件代码实现。主要代码包括：

- XPU_DeviceOpenedEventHandler 代码：

```
    /* A device has been opened. Update the control. */
    private void XPU_DeviceOpenedEventHandler()
    {
        if (InvokeRequired)
        {      /* If called from a different thread, we must use the Invoke method to marshal the call to
                the proper thread. */
            BeginInvoke(new ImageProvider.DeviceOpenedEventHandler(XPU_
                        DeviceOpenedEventHandler));
            return;
        }
        try
        {
            XPU_m_hNode = XPU_m_imageProvider.GetNodeFromDevice(name); /* Get the node. */
            XPU_m_hCallbackHandle = GenApi.NodeRegisterCallback(XPU_m_hNode,
                                XPU_m_nodeCallbackHandler); /* Register for changes. */
            XPU_LN_LabelName.Text = GenApi.NodeGetDisplayName(XPU_m_hNode) + ":";
            /* Update the displayed name. */
            XPU_UpdateValues();/* Update the control values. */
        }
        catch
        {
            XPU_Reset();    /* If errors occurred disable the control. */
        }
    }
```

- XPU_DeviceClosingEventHandler 代码：

```
/* The device has been closed. Update the control. */
private void XPU_DeviceClosingEventHandler()
{
    if (InvokeRequired)
    {
        /* If called from a different thread, we must use the Invoke method to marshal the call
          to the proper thread. */
        BeginInvoke(new ImageProvider.DeviceRemovedEventHandler(XPU_
                    DeviceClosingEventHandler));
        return;
    }
    XPU_Reset();
}
```

- XPU_NodeCallbackEventHandler 代码：

```
/* The node state has changed. Update the control. */
private void XPU_NodeCallbackEventHandler(NODE_HANDLE handle)
{
    if (InvokeRequired)
    {    /* If called from a different thread, we must use the Invoke method to marshal the call to
          the proper thread. */
        BeginInvoke(new NodeCallbackHandler.NodeCallback(XPU_
                    NodeCallbackEventHandler), handle);
        return;
    }
    if (handle.Equals(XPU_m_hNode))
    {
        XPU_UpdateValues();/* Update the control values. */
    }
}
```

第六步，子函数功能代码实现，代码包括：

- XPU_Reset 函数功能代码：

```
/* Deactivate the control and deregister the callback. */
private void XPU_Reset()
{
    if (XPU_m_hNode.IsValid && XPU_m_hCallbackHandle.IsValid)
    {
        try
        {
```

```
            GenApi.NodeDeregisterCallback(XPU_m_hNode, XPU_m_hCallbackHandle);
        }
        catch
        {
            /* Ignore. The control is about to be disabled. */
        }
    }
    XPU_m_hNode.SetInvalid();
    XPU_m_hCallbackHandle.SetInvalid();
    XPU_CB_comboBox.Enabled = false;
    XPU_LN_LabelName.Enabled = false;
}
```

- XPU_UpdateValues 函数功能代码：

```
/* Get the current values from the node and display them. */
private void XPU_UpdateValues()
{
    try
    {
        if (XPU_m_hNode.IsValid)
        {
            if (GenApi.NodeGetType(XPU_m_hNode) == EGenApiNodeType.EnumerationNode)
            /* Check is proper node type. */
            {
                bool writable = GenApi.NodeIsWritable(XPU_m_hNode); /* Check is writable. */
                uint itemCount = GenApi.EnumerationGetNumEntries(XPU_m_hNode);
                /* Get the number of enumeration values. */
                XPU_CB_comboBox.Items.Clear();/* Clear the combo box. */
                Get all enumeration values, add them to the combo box, and set the selected item. */
                string selected = GenApi.NodeToString(XPU_m_hNode);
                for (uint i = 0; i < itemCount; i++)
                {
                    NODE_HANDLE hEntry = GenApi.EnumerationGetEntryByIndex(XPU_m_hNode, i);
                    if (GenApi.NodeIsAvailable(hEntry))
                    {
                        XPU_CB_comboBox.Items.Add(GenApi.NodeGetDisplayName(hEntry));
                        if (selected == GenApi.EnumerationEntryGetSymbolic(hEntry))
                        {
                            XPU_CB_comboBox.SelectedIndex = XPU_CB_comboBox.Items.Count - 1;
                        }
```

```
                }
            }
            /* Update accessibility. */
            XPU_CB_comboBox.Enabled = writable;
            XPU_LN_LabelName.Enabled = writable;
            return;
        }
    }
}
catch
{
    /* If errors occurred disable the control. */
}
XPU_Reset();
}
```

第七步，响应事件代码实现。响应事件代码包括初始状态设置和 SelectedIndexChanged 实现。

• 初始状态设置代码：

```
/* Set up the initial state. */
public EnumerationComboBoxUserControl()
{
    InitializeComponent();
    XPU_m_nodeCallbackHandler.CallbackEvent += new
            NodeCallbackHandler.NodeCallback(XPU_NodeCallbackEventHandler);
    XPU_Reset();
}
```

• SelectedIndexChanged 实现代码：

```
/* Handle selection changes. */
private void comboBox_SelectedIndexChanged(object sender, EventArgs e)
{
    if (XPU_m_hNode.IsValid)
    {
        try
        {
            /* If writable and combo box selection ok. */
            if (GenApi.NodeIsAvailable(XPU_m_hNode) &&
                    XPU_CB_comboBox.SelectedIndex >= 0)
            {
```

```
                /* Get the displayed selected enumeration value. */
                string selectedDisplayName = XPU_CB_comboBox.GetItemText(XPU_
                          CB_comboBox.Items[XPU_CB_comboBox.SelectedIndex]);
                /* Get the number of enumeration values. */
                uint itemCount = GenApi.EnumerationGetNumEntries(XPU_m_hNode);
                /* Determine the symbolic name of the selected item and set it if different. */
                for (uint i = 0; i < itemCount; i++)
                {
                    NODE_HANDLE hEntry = GenApi.EnumerationGetEntryByIndex(XPU_m_hNode, i);
                    if (GenApi.NodeIsAvailable(hEntry))
                    {
                        if (GenApi.NodeGetDisplayName(hEntry) == selectedDisplayName)
                        {
                            /* Get the value to set. */
                            string value = GenApi.EnumerationEntryGetSymbolic(hEntry);
                            /* Set the value if other than the current value of the node. */
                            if (GenApi.NodeToString(XPU_m_hNode) != value)
                            {
                                GenApi.NodeFromString(XPU_m_hNode, value);
                            }
                        }
                    }
                }
            }
        }
        catch
        {
            /* Ignore any errors here. */
        }
    }
}
```

(3) 增添用户控件。

第一步，建立用户控件：在“Pylon.NETSupportLibrary”下“添加”“用户控件”项目，命名为SilderUserControl.cs。

在 EnumerationComboBoxUserControl.cs 设计下，添加 trackBar 控件(属性：Name(XPU_TB_Silder))；4 个 Label 控件(属性：Name(XPU_Label_Min)、Text (Min)；Name(XPU_Label_Max)、Text (Max)；Name(XPU_Label_ValueName)、Text (ValuName)；Name(XPU_Label_CurrentValue)、Text (0)；)。

第二步，编写功能代码。

① 声明头文件函数。

```
using System;
using System.Collections.Generic;
using System.ComponentModel;
using System.Drawing;
using System.Data;
using System.Text;
using System.Windows.Forms;
using PylonC.NETSupportLibrary;
using PylonC.NET;
```

② 声明用户变量及函数。

```
private string name = "ValueName";              /* The name of the node. */
private ImageProvider XPU_m_imageProvider = null; /* The image provider providing the node
                                                  handle and status events. */
private NODE_HANDLE XPU_m_hNode = new NODE_HANDLE();   /* The handle of the node. */
private NODE_CALLBACK_HANDLE XPU_m_hCallbackHandle = new NODE_CALLBACK_
HANDLE();              /* The handle of the node callback. */
private NodeCallbackHandler XPU_m_nodeCallbackHandler = new NodeCallbackHandler();
                                                            /* The callback handler. */
```

③ 连接相机参数。

```
/* Used for connecting an image provider providing the node handle and status events. */
public ImageProvider XPU_MyImageProvider
{
    set
    {
        XPU_m_imageProvider = value;
        /* Image provider has been connected. */
        if (XPU_m_imageProvider != null)
        {   /* Register for the events of the image provider needed for proper operation. */
            XPU_m_imageProvider.DeviceOpenedEvent += new
                ImageProvider.DeviceOpenedEventHandler(XPU_DeviceOpenedEventHandler);
            XPU_m_imageProvider.DeviceClosingEvent += new
                ImageProvider.DeviceClosingEventHandler(XPU_DeviceClosingEventHandler);
            XPU_UpdateValues();   /* Update the control values. */
        }
        else /* Image provider has been disconnected. */
        {
            XPU_Reset();
        }
```

```
    }
}
```

④ 定义“用户控件”节点新的属性。

```
[Description("The GenICam node name representing an integer, e.g. GainRaw. The pylon Viewer tool feature tree can be used to get the name and the type of a node.")]
public string NodeName
{
    get { return name; }
    set { name = value; XPU_Label_ValueName.Text = name + ":"; }
}
```

⑤ 相机事件代码实现。相机事件代码包括：

- DeviceOpenedEventHandler 代码：

```
/* A device has been opened. Update the control. */
private void XPU_DeviceOpenedEventHandler()
{
    if (InvokeRequired)
    {     /* If called from a different thread, we must use the Invoke method to marshal the call to the
          proper thread. */
        BeginInvoke(new ImageProvider.DeviceOpenedEventHandler(XPU_
                    DeviceOpenedEventHandler));
        return;
    }
    try   {
        XPU_m_hNode = XPU_m_imageProvider.GetNodeFromDevice(name);   /* Get the node.*/
/* Features, like 'Gain', are named according to the GenICam Standard Feature Naming Convention (SFNC). The SFNC defines a common set of features, their behavior, and the related parameter names. This ensures the interoperability of cameras from different camera vendors. Some cameras, e.g. cameras compliant to the USB3 Vision standard, use a later SFNC version than previous Basler GigE and Firewire cameras. Accordingly, the behavior of these cameras and some parameters names will be different.   */
        if (!XPU_m_hNode.IsValid   && (name == "GainRaw" || name == "ExposureTimeRaw"))
                    /* This means probably that the camera is compliant to a later SFNC version. */
        {  /* Check to see if a compatible node exists. The SFNC 2.0, implemented by Basler USB
           Cameras for instance, defines Gain   and ExposureTime as features of type Float.*/
           if (name=="GainRaw" )
           {
               XPU_m_hNode = XPU_m_imageProvider.GetNodeFromDevice("Gain");
           }
           else if (name == "ExposureTimeRaw")
           {
```

```
                XPU_m_hNode = XPU_m_imageProvider.GetNodeFromDevice("ExposureTime");
            }
            /* Update the displayed name. */
            XPU_Label_ValueName.Text = GenApi.NodeGetDisplayName(XPU_m_hNode) + ":";
            /* The underlying integer representation of Gain and ExposureTime can be accessed using
              the so called alias node. The alias is another representation of the original parameter.Since
              this slider control can only be used with Integer nodes we have to use the alias node
               here to display and modify Gain and ExposureTime. */
            XPU_m_hNode = GenApi.NodeGetAlias(XPU_m_hNode);
            XPU_m_hCallbackHandle = GenApi.NodeRegisterCallback(XPU_m_hNode,
                                 XPU_m_nodeCallbackHandler); /* Register for changes. */
        }
        else
        {
            /* Update the displayed name. */
            XPU_Label_ValueName.Text = GenApi.NodeGetDisplayName(XPU_m_hNode) + ":";
            XPU_m_hCallbackHandle = GenApi.NodeRegisterCallback(XPU_m_hNode,
            XPU_m_nodeCallbackHandler);          /* Register for changes. */
        }
        XPU_UpdateValues();     /* Update the control values. */
    }
    catch
    {
        XPU_Reset();/* If errors occurred disable the control. */
    }
}
```

- XPU_DeviceClosingEventHandler 代码：

```
/* The device has been closed. Update the control. */
private void XPU_DeviceClosingEventHandler()
{
    if (InvokeRequired)
    {       /* If called from a different thread, we must use the Invoke method to marshal the call to
              the proper thread. */
        BeginInvoke(new ImageProvider.DeviceRemovedEventHandler(XPU_
                    DeviceClosingEventHandler));
        return;
    }
    XPU_Reset();
}
```

- NodeCallbackEventHandler 代码：

```
/* The node state has changed. Update the control. */
private void XPU_NodeCallbackEventHandler(NODE_HANDLE handle)
{
    if (InvokeRequired)
    {
        /* If called from a different thread, we must use the Invoke method to marshal the call to the
            proper thread. */
        BeginInvoke(new NodeCallbackHandler.NodeCallback(XPU_NodeCallbackEventHandler),
                handle);
        return;
    }
    if (handle.Equals(XPU_m_hNode))
    {
        XPU_UpdateValues();            /* Update the control values. */
    }
}
```

⑥ 子函数功能代码实现。子函数功能包括：

- XPU_Reset 函数功能：

```
/* Deactivate the control and deregister the callback. */
private void XPU_Reset()
{
    if (XPU_m_hNode.IsValid && XPU_m_hCallbackHandle.IsValid)
    {
        try
        {
            GenApi.NodeDeregisterCallback(XPU_m_hNode, XPU_m_hCallbackHandle);
        }
        catch
        {
            /* Ignore. The control is about to be disabled. */
        }
    }
    XPU_m_hNode.SetInvalid();
    XPU_m_hCallbackHandle.SetInvalid();
    XPU_TB_Silder.Enabled = false;
    XPU_Label_Min.Enabled = false;
    XPU_Label_Max.Enabled = false;
    XPU_Label_ValueName.Enabled = false;
```

```
        XPU_Label_CurrentValue.Enabled = false;
    }
```

- XPU_UpdateValues 函数功能：

```
/* Get the current values from the node and display them. */
private void XPU_UpdateValues()
{
    try
    {
        if (XPU_m_hNode.IsValid)
        {
            if (GenApi.NodeGetType(XPU_m_hNode) == EGenApiNodeType.IntegerNode)
            /* Check if proper node type. */
            {
                /* Get the values. */
                bool writable = GenApi.NodeIsWritable(XPU_m_hNode);
                int min = checked((int)GenApi.IntegerGetMin(XPU_m_hNode));
                int max = checked((int)GenApi.IntegerGetMax(XPU_m_hNode));
                int val = checked((int)GenApi.IntegerGetValue(XPU_m_hNode));
                int inc = checked((int)GenApi.IntegerGetInc(XPU_m_hNode));

                /* Update the slider. */
                XPU_TB_Silder.Minimum = min;
                XPU_TB_Silder.Maximum = max;
                XPU_TB_Silder.Value = val;
                XPU_TB_Silder.SmallChange = inc;
                XPU_TB_Silder.TickFrequency = (max - min + 5) / 10;

                /* Update the values. */
                XPU_Label_Min.Text = "" + min;
                XPU_Label_Max.Text = "" + max;
                XPU_Label_CurrentValue.Text = "" + val;

                /* Update accessibility. */
                XPU_TB_Silder.Enabled = writable;
                XPU_Label_Min.Enabled = writable;
                XPU_Label_Max.Enabled = writable;
                XPU_Label_ValueName.Enabled = writable;
                XPU_Label_CurrentValue.Enabled = writable;
                return;
            }
```

```
            }
        }
        catch
        {
            /* If errors occurred disable the control. */
        }
        XPU_Reset();
    }
```

⑦ 响应事件代码实现。响应事件代码包括初始状态设置代码和 slider-Scroll 模块代码。

- 初始状态设置代码：

```
/* Set up the initial state. */
public SliderUserControl()
{
    InitializeComponent();
    XPU_m_nodeCallbackHandler.CallbackEvent += new
            NodeCallbackHandler.NodeCallback(XPU_NodeCallbackEventHandler);
    XPU_Reset();
}
```

- slider_Scroll 模块代码：

```
/* Handle slider position changes. */
private void XPU_TB_Slider_Scroll(object sender, EventArgs e)
{
    if (XPU_m_hNode.IsValid)
    {
        try
        {
            if (GenApi.NodeIsWritable(XPU_m_hNode))
            {
                int value = XPU_TB_Silder.Value - ((XPU_TB_Silder.Value - XPU_TB_
                        Silder.Minimum) % XPU_TB_Silder.SmallChange);
                        /* Correct the increment of the new value. */
                GenApi.IntegerSetValue(XPU_m_hNode, value); /* Set the value. */
            }
        }
        catch
        {
            /* Ignore any errors here. */
        }
    }
}
```

设计好编译运行成功后，在“工具箱”中即出现相应的用户控件。

(4) 布局主窗体。

① 增加控件，设置属性。

向主窗体增加 GroupBox 控件(属性：Name(XPU_GroupBox_CameraParameter)、Text(相机参数设置))。将两个用户控件 1 和四个用户控件 2 拖入 GroupBox 中。

用户控件 1(属性：Name(XPU_UserC_ComboBox_TestImage)、NodeName(TestImageSelector)、Name(XPU_UserC_ComboBox_PixelFormat)、NodeName(PixelFormat))。

用户控件 2 (属性: Name(XPU_UserC_Silder_Silder_Gain)、NodeName(GainRaw)、Name (XPU_UserC_Silder_Silder_ExposureTime) 、 NodeName(ExposureTimeRaw) 、 Name(XPU_UserC_Silder_Silder_Width)、NodeName(Width)、Name(XPU_UserC_Silder_Silder_Height)、NodeName(Width))。

② 设置相机参数代码。

在主函数 Form_Main 中，添加设置相机参数代码：

```
/* Provide the controls in the lower left area with the image provider object. */
XPU_UserC_ComboBox_TestImage.XPU_MyImageProvider= XPU_m_imageProvider;
XPU_UserC_ComboBox_PixelFormat.XPU_MyImageProvider= XPU_m_imageProvider;
XPU_UserC_Silder_Silder_Gain.XPU_MyImageProvider= XPU_m_imageProvider;
XPU_UserC_Silder_Silder_Gain.XPU_MyImageProvider= XPU_m_imageProvider;
XPU_UserC_Silder_Silder_ExposureTime.XPU_MyImageProvider=XPU_m_imageProvider;
XPU_UserC_Silder_Silder_Width.XPU_MyImageProvider= XPU_m_imageProvider;
XPU_UserC_Silder_Silder_Height.XPU_MyImageProvider= XPU_m_imageProvider;
```

③ 相机参数设置程序测试，如图 8-9 所示。

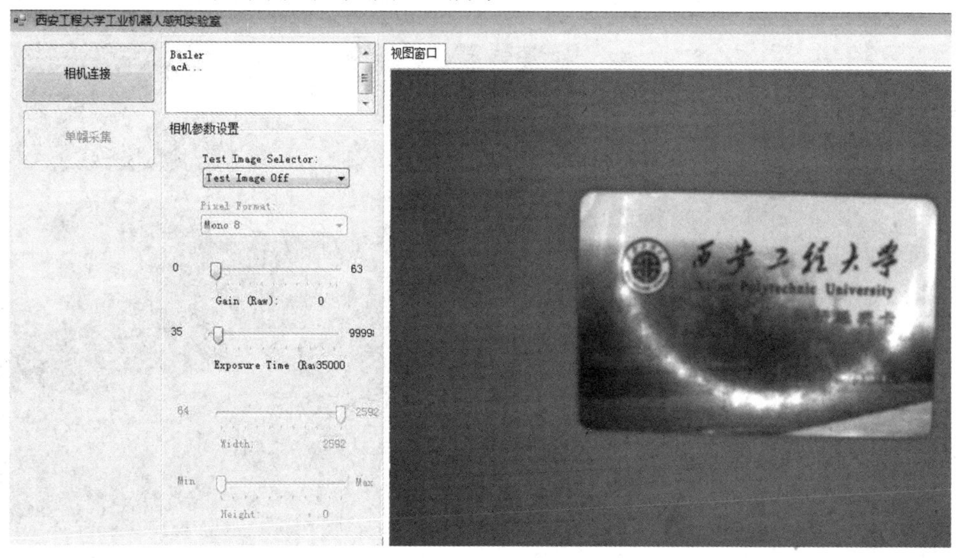

图 8-9　相机参数设置

4) 连续采集

第一步，增加按钮控件及属性设置。

控件属性：Name(XPU_TSM_ContinuousShot)、Text(连续采集)；

第二步，编写按钮代码。

```
private void XPU_TSM_ContinuousShot_Click(object sender, EventArgs e)
{
    XPU_ContinuousShot (); /* Starts the grabbing of one image. */
}
```

在按钮事件代码之前编写 XPU_ContinuousShot 函数：

```
/* Starts the grabbing of images until the grabbing is stopped and handles exceptions. */
private void XPU_ContinuousShot()
{
    try
    {
        XPU_m_imageProvider.ContinuousShot();
        /* Start the grabbing of images until grabbing is stopped. */
    }
    catch (Exception e)
    {
        ShowException(e, XPU_m_imageProvider.GetLastErrorMessage());
    }
}
```

第三步，“连续采集”程序测试如图 8-10 所示。

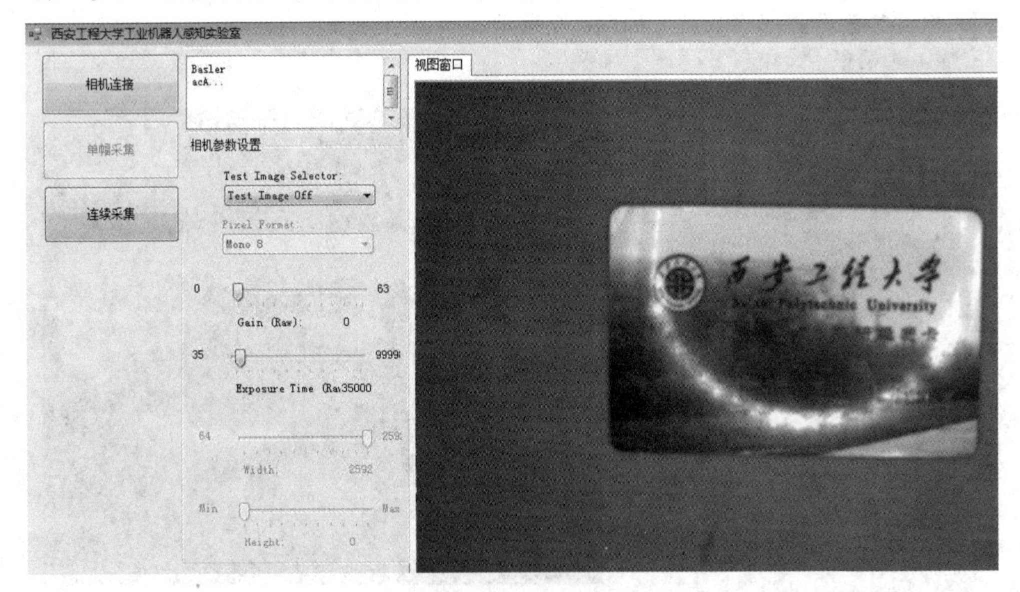

图 8-10　连续采集

5) 停止采集

第一步，增加按钮控件及属性设置。

控件属性：Name(XPU_TSM_Stop)、Text(停止采集)；

第二步，编写按钮代码。

```
private void XPU_TSM_Stop_Click(object sender, EventArgs e)
{
    Stop(); /* Starts the grabbing of one image. */
}
```

在按钮事件代码之前编写 Stop 函数：

```
/* Starts the grabbing of images until the grabbing is stopped and handles exceptions. */
private void Stop()
{
    try
    {
        XPU_m_imageProvider.Stop();    /* Start the grabbing of images until grabbing is stopped. */
    }
    catch (Exception e)
    {
        ShowException(e, XPU_m_imageProvider.GetLastErrorMessage());
    }
}
```

第三步，“停止采集”程序测试，如图 8-11 所示。

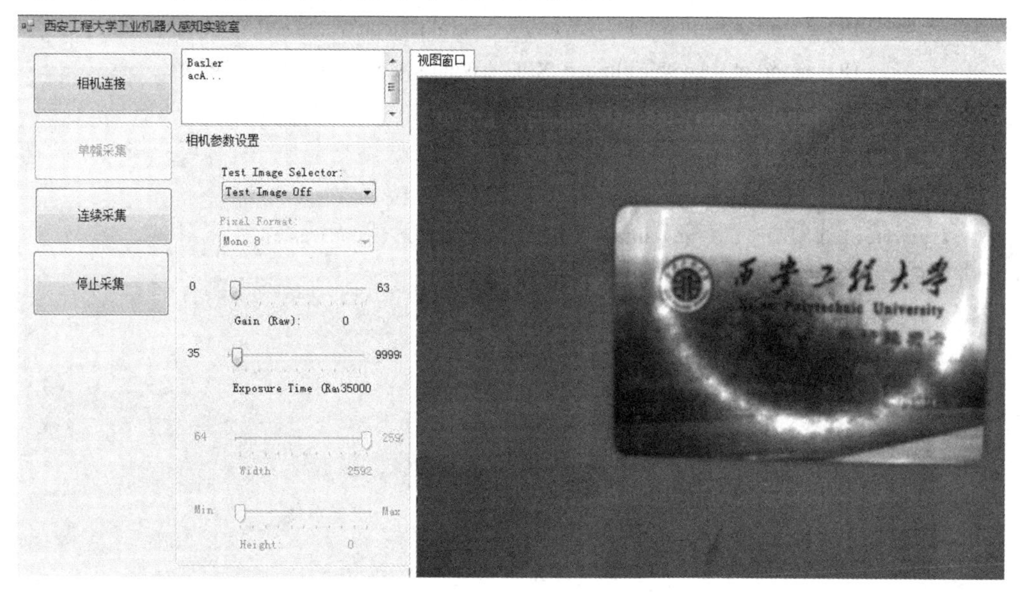

图 8-11　停止采集

6) 保存和打开图像

第一步，增加两个按钮控件及属性设置。

控件属性：Name(XPU_TSM_OpenImage)、Text(打开图像)；

控件属性：Name(XPU_TSM_SaveImage)、Text(保存图像)；

第二步，编写按钮代码。

① “打开图像”代码实现：

```
HObject inImage = new HImage();
HTuple width, height = new HTuple();
private void XPU_TSM_OpenImage_Click(object sender, EventArgs e)
{
    Stop();//相机停止采集
    OpenFileDialog lvse = new OpenFileDialog();
    // using (lvse)
    {
        lvse.Title = "选择图片";
        lvse.InitialDirectory = "";
        lvse.Filter = "图片文件|*.bmp;*.jpg;*.jpeg;*.gif;*.png";
        lvse.FilterIndex = 1;
    }
    if (lvse.ShowDialog() == DialogResult.OK)
    {
        HOperatorSet.ReadImage(out inImage, lvse.FileName);
        HOperatorSet.GetImageSize(inImage, out width, out height);
        HOperatorSet.SetPart(XPU_hWindowControl.HalconWindow, 0, 0, height, width);
        HOperatorSet.DispObj(inImage, XPU_hWindowControl.HalconWindow);
    }
}
```

② “保存图像”代码实现：

```
private void XPU_TSM_SaveImage_Click(object sender, EventArgs e)
{
    SaveFileDialog saveDlg = new SaveFileDialog();
    saveDlg.Title = "保存为";
    saveDlg.OverwritePrompt = true;
    saveDlg.Filter =
            "BMP 文件 (*.bmp) | *.bmp|" +
            "Gif 文件 (*.gif) | *.gif|"
            "JPEG 文件 (*.jpg) | *.jpg|" +
            "PNG 文件 (*.png) | *.png";
    saveDlg.ShowHelp = true;
    if (saveDlg.ShowDialog() == DialogResult.OK)
    {
        string fileName = saveDlg.FileName;
```

```
            string strFilExtn = fileName.Remove(0, fileName.Length - 3);
            switch (strFilExtn)
            {
            case "bmp":
                HOperatorSet.DumpWindow(XPU_hWindowControl.HalconWindow, strFilExtn, fileName);
                break;
            case "jpg":
                HOperatorSet.DumpWindow(XPU_hWindowControl.HalconWindow, strFilExtn, fileName);
                break;
            case "gif":
                HOperatorSet.DumpWindow(XPU_hWindowControl.HalconWindow, strFilExtn, fileName);
                break;
            case "tif":
                HOperatorSet.DumpWindow(XPU_hWindowControl.HalconWindow, strFilExtn, fileName);
                break;
            case "png":
                HOperatorSet.DumpWindow(XPU_hWindowControl.HalconWindow,strFilExtn, fileName);
                break;
            default:
                break;
            }
        }
    }
```

第三步，保存图像和打开图像测试，如图 8-12 所示。

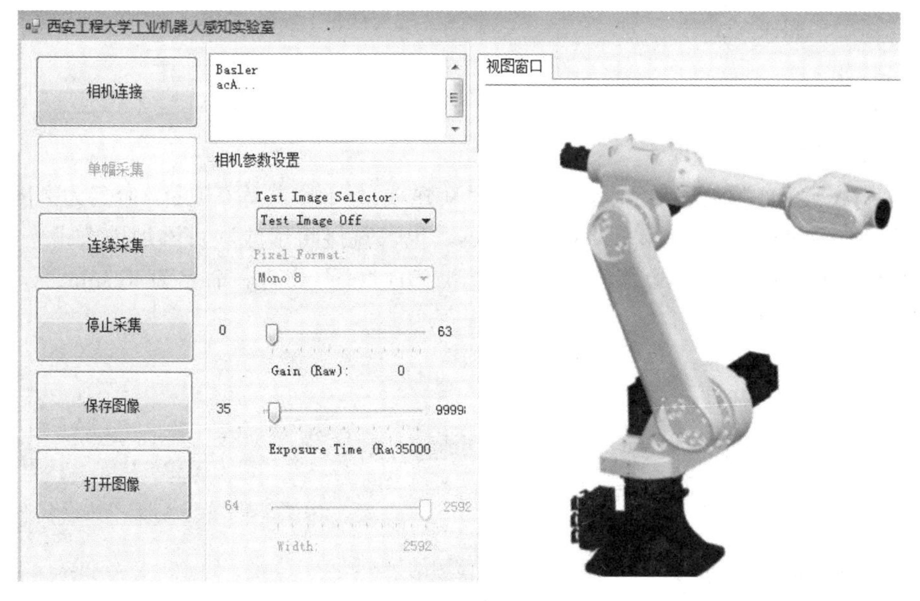

图 8-12　保存图像和打开图像

7) 开始检测

第一步，增加按钮控件及属性设置。

按钮控件属性：Name(XPU_BN_BeginDetect)、Text(开始检测)。

ListView 控件属性：Name(XPU_LV_DetectMessage)、Dock(Fill)、Columns(添加成员，Text 分别为项目、属性)、View(Details)、HeaderStyle(Nonclickable)。

TextBox 控件属性：Name(XPU_TB_CodeType)、Name(XPU_TB_Time)、Name(XPU_TB_DetectResult)。

Lable 控件属性：Text(二维码类型)、Text(时间开销)、Text(检测结果)。

GroupBox 控件属性：存放 ListView。

第二步，编写按钮代码。

```
bool check = false;
private void XPU_BN_BeginDetect_Click(object sender, EventArgs e)
{
    if (check == false)
    {
        XPU_BN_BeginDetect.Text = "停止检测";
        XPU_BN_BeginDetect.BackColor = Color.Red;
        check = true;
    }
    else
    {
        XPU_BN_BeginDetect.Text = "开始检测";
        XPU_BN_BeginDetect.BackColor = Color.Silver;
        XPU_m_imageProvider.Stop();
        check = false;
    }
}
```

第三步，建立算法类库。

在“解决方案资源管理器”中，“添加”“新建项目”的“类库”项目，命名为 Algorithm。建立两个“类”程序 Result.cs 和 Algorithm.cs，也可直接将现成项目添加进去。

(1) 在 Algorithm 项目下，“添加”“新建项”的“类”文件，命名为 Results.cs，并定义变量：

```
public class Results
{
    public string Project = null;          // 检测项目
    public string codeType = null;         // 二维码类型
    public string Time = null;             // 检测时间
    public string results = null;          // 检测结果
}
```

(2) 在 Algorithm 项目下，“添加”“新建项”的“类”文件，命名为 Algorithm.cs，导入从 Halcon 生成的代码。具体流程如下：

① 声明 Halcon 库文件：

```
using HalconDotNet;
```

② 在 public class Algorithm 中声明 Results：

```
Results result = new Results();
```

(3) 在 Halcon 的 HDevelop 软件中编写二维码检测的算法，代码如下：

```
dev_open_window (0, 0, 1944, 2592, 'black', WindowHandle)
dev_set_color ('forest green')
dev_set_draw ('margin')
dev_set_line_width (3)
set_display_font (WindowHandle, 22, 'mono', 'true', 'false')

dev_clear_window()
count_seconds(Start)
get_image_size(Image, Width, Height)
create_data_code_2d_model ('QR Code', [], [], DataCodeHandle)
find_data_code_2d(Image, SymbolXLDs, DataCodeHandle, 'train', 'all', ResultHandles,
DecodedDataStrings)

count_obj(SymbolXLDs, Number)
get_data_code_2d_results(DataCodeHandle, 'all_candidates', 'status', ResultValues)
get_data_code_2d_objects(DataCodeObjects, DataCodeHandle, 'all_candidates', 'candidate_xld')
count_seconds(Stop)
Duration := (Stop-Start)*1000

if (Number = 1)
disp_message(ExpDefaultWinHandle, 'OK'+DecodeDataStrings[0], 'window', 5*12, 12, 'forest green',
'false')
dev_display(Image)
dev_set_line_width(3)
dev_display(SymbolXLDs)
else
dev_display(Image)
disp_message(ExpDefaultWinHandle, '未找到二维码', 'window', 5*12, 12, 'forest green', 'false')
endif
clear_data_code_2d_model (DataCodeHandle)
```

(4) 导出 C# 语言。将上述代码导出为“C#”语言，导出参数设置，包括导出范围(程序)、函数属性、窗口导出和编码(UTF-8)。

(5) 编写整合优化 Halon 二维码识别主程序。将 Halcon 导出的 C# 代码放入主函数中，进行优化。

将导出的函数复制到初始化函数 public void InitHalcon()、运行入口函数 public void RunHalcon(HTuple Window)、子函数 private void action()、public void disp_message()和 public void set_display_font()等函数中，并进行修改。

将 public void RunHalcon(HTuple Window)中的代码修改为：

```
public Results AlgroithmInterface(HTuple Window, HImage himage)
{
    hv_ExpDefaultWinHandle = Window;
    InitHalcon();
    return action(himage);
}
```

将优化初始化 public void InitHalcon()程序中的代码修改为：

```
public void InitHalcon()
{
    // Default settings used in HDevelop
    HOperatorSet.SetSystem("width", 1944);
    HOperatorSet.SetSystem("height", 2592);
    //窗口显示设置初始化
    set_display_font(hv_ExpDefaultWinHandle, 22, "mono", "true", "false");
    HOperatorSet.SetColor(hv_ExpDefaultWinHandle, "red");
    HOperatorSet.SetDraw(hv_ExpDefaultWinHandle, "margin");
    HOperatorSet.SetLineWidth(hv_ExpDefaultWinHandle, 3);
    //
}
```

优化 private Results action(HImage himage)程序，添加并优化代码，具体代码如下：

```
// Main procedure
private Results action(HImage himage)   //返回结果为 Results,
{
    // Local iconic variables
    HObject ho_Image, ho_GrayImage = null, ho_SymbolXLDs;
    HObject ho_DataCodeObjects;
    // Local control variables
    HTuple hv_Width = null, hv_Height = null, hv_DataCodeHandle = null;
    HTuple hv_ResultHandles = null, hv_DecodedDataStrings = null;
    HTuple hv_Number = null, hv_ResultValues = null;
    // Initialize local and output iconic variables
    HOperatorSet.GenEmptyObj(out ho_Image);
    HOperatorSet.GenEmptyObj(out ho_GrayImage);
    HOperatorSet.GenEmptyObj(out ho_SymbolXLDs);
```

```
HOperatorSet.GenEmptyObj(out ho_DataCodeObjects);
ho_Image.Dispose();//直接调用自带的销毁方法
// Local control variables
HTuple hv_WindowHandle = new HTuple();
// Initialize local and output iconic variables
HOperatorSet.GenEmptyObj(out ho_Image);
HTuple hv_Start = new HTuple();
HTuple hv_Stop = new HTuple(), hv_Duration = new HTuple();
HTuple hv_DecodedDataTypes = new HTuple();
// Initialize local and output iconic variables
HOperatorSet.GenEmptyObj(out ho_Image);
try
{
    HOperatorSet.ClearWindow(hv_ExpDefaultWinHandle); //清除活动图形窗口
    ho_Image.Dispose();
    ho_Image = himage;
    HOperatorSet.CountSeconds(out hv_Start); //测试算子实行时间
    HOperatorSet.GetImageSize(ho_Image, out hv_Width, out hv_Height); //得到图像大小
    //算法处理
    HOperatorSet.CreateDataCode2dModel("QR Code", new HTuple(), new HTuple(), out
                                            hv_DataCodeHandle);    //创建二维码解码模型
    ho_SymbolXLDs.Dispose();
    HOperatorSet.FindDataCode2d(ho_Image, out ho_SymbolXLDs, hv_DataCodeHandle,
          "train", "all", out hv_ResultHandles, out hv_DecodedDataStrings);
      //在建立了模型之后，使用如下解码函数，就可以对输入图像 Image 中进行解码
    HOperatorSet.CountObj(ho_SymbolXLDs, out hv_Number); //计算输入区域中连通域的个数
    HOperatorSet.GetDataCode2dResults(hv_DataCodeHandle, "all_candidates", "status",
                out hv_ResultValues);   //获取字母数字混合编码结果，其是在搜索二维码
                                            过程中累计的
    ho_DataCodeObjects.Dispose();
    HOperatorSet.GetDataCode2dObjects(out ho_DataCodeObjects, hv_DataCodeHandle,
                "all_candidates", "candidate_xld");
    HOperatorSet.CountSeconds(out hv_Stop);
    hv_Duration = (hv_Stop - hv_Start) * 1000;//测试算子实行时间
    if (hv_Number == 1)
    {
      //刷新显示数据
      disp_message(hv_ExpDefaultWinHandle, "OK" + hv_DecodedDataStrings[0],
                "window", 5 * 12, 12, "forest green", "false");    //程序写一个文本信息
      HOperatorSet.DispObj(ho_Image, hv_ExpDefaultWinHandle); //自动判别类别
```

```
            HOperatorSet.SetLineWidth(hv_ExpDefaultWinHandle, 3);     // 定义线的宽度
            HOperatorSet.DispObj(ho_SymbolXLDs, hv_ExpDefaultWinHandle);      // 显示对象
            result.Project = "二维码检测";
            if (hv_Number > 1)
            {
                result.results = hv_DecodedDataStrings[0];
            }
            else{
                result.results = hv_DecodedDataStrings;
            }
            result.codeType = "QR Code";
            result.Time = hv_Duration.ToString();
        }
        else{
            //刷新显示数据
            HOperatorSet.DispObj(ho_Image, hv_ExpDefaultWinHandle);     //显示对象
            disp_message(hv_ExpDefaultWinHandle, "未找到二维码！", "window", 5 * 12,
                            12, "forest green", "false");          //程序写一个文本信息
            result.results = "未找到二维码！";
            result.codeType = "未找到二维码！";
            result.Time = hv_Duration.ToString();
        }
    }
    catch (HalconException HDevExpDefaultException)
    {   //捕获前面 try 程序块中抛出的异常
        ho_Image.Dispose();
        throw HDevExpDefaultException; //抛出一个自定义异常或再次引发将要捕获的异常
    }
    finally{
        HOperatorSet.ClearDataCode2dModel(hv_DataCodeHandle); //清理创建的二维码模型
        ho_Image.Dispose();
        ho_GrayImage.Dispose();
        ho_SymbolXLDs.Dispose();
        ho_DataCodeObjects.Dispose();
    }
    return result;
}
```

第四步，关联主函数。

在主项目中，“引用”下“添加引用”Algorithm 项目，并且在主函数代码声明 Algorithm 命名控件：using Algorithm。

将主函数中 private void OnImageReadyEventCallback()子函数的代码修改为：

```
Results result = new Results();
if (ProcessingFlag == false)
{
    try{
        ProcessingFlag = true;
                    //开始算法处理
        HoImage = HImageConvertFromBitmap(XPU_m_Bitmap);
        //图像格式与 Halcon 图形变量 HImage 转换
        //拷贝图像副本
        HImage inimage = HoImage;
        if (check == false)
        {           //用 Halcon 的方式显示
            HOperatorSet.DispObj(inimage, XPU_hWindowControl.HalconWindow);
        }
        else
        {           //实例化算法
            Algorithm.Algorithm excute = new Algorithm.Algorithm();
            result = excute.AlgroithmInterface(XPU_hWindowControl.HalconWindow, inimage);
            //刷新显示数据
            Invoke(new MethodInvoker)delegate ()
            {
                ListViewItem i_item = XPU_LV_DetectMessage.Items.Add("检测时间");
                i_item.SubItems.Add(DateTime.Now.ToString());
                ListViewItem i_item1 = XPU_LV_DetectMessage.Items.Add("检测项目");
                i_item1.SubItems.Add(result.Project);
                ListViewItem i_item2 = XPU_LV_DetectMessage.Items.Add("条码类型");
                i_item2.SubItems.Add(result.codeType);
                ListViewItem i_item3 = XPU_LV_DetectMessage.Items.Add("算法耗时");
                i_item3.SubItems.Add(result.Time);
                ListViewItem i_item4 = XPU_LV_DetectMessage.Items.Add("检测结果");
                i_item4.SubItems.Add(result.results);
                ListViewItem i_item5 = XPU_LV_DetectMessage.Items.Add("*******");
                i_item5.SubItems.Add("******************************");

                XPU_LV_CodeType.Text = result.codeType;
                XPU_LV_Time.Text = result.Time;
                XPU_LV_DetectResult.Text = result.results;
                i_item.EnsureVisible();
                this.XPU_LV_DetectMessage.EnsureVisible(this.XPU_LV_
                                        DetectMessage.Items.Count - 1);
```

```
                this.XPU_LV_DetectMessage.Items[this.XPU_LV_DetectMessage.Items.Count - 1].
                                                    Checked = true;
            }));
        }
        ProcessingFlag = false;
    }
    catch (Exception ex){
        MessageBox.Show("Error at " + ex);
    }
    finally{
        ProcessingFlag = false;
    }
    /* The processing of the image is done. Release the image buffer. */
    XPU_m_imageProvider.ReleaseImage();
    /* The buffer can be used for the next image grabs. */
}
```

第五步，结果测试。

二维码识别检测已测试，如图 8-13 所示。

图 8-13　二维码检测

8.2.2　离线功能实现

该示例功能是读取彩色图像并灰度转换。

1．编写 Halcon 代码

(1) 在 Halcon 的 HDevelop 软件编写灰度转换代码：

```
dev_close_window ()
get_image_size (Image, Width, Height)
dev_open_window (0, 0, Width, Height, 'black', WindowHandle)
rgb1_to_gray(Image,GrayImage)
dev_display (GrayImage)
```

(2) 导出 C# 语言。将上述代码导出为 C# 语言，导出参数设置包括：导出范围(程序)、函数属性、窗口导出和编码(UTF-8)。导出后的程序有三个子函数 action()、InitHalcon()和 RunHalcon(HTuple Window)。

```
using System;
using HalconDotNet;
public partial class HDevelopExport
{
    public HTuple hv_ExpDefaultWinHandle;
    // Main procedure
    private void action()
    {   // Local iconic variables
        HObject ho_Image, ho_GrayImage;
        // Local control variables
        HTuple hv_Width = null, hv_Height = null;
        // Initialize local and output iconic variables
        HOperatorSet.GenEmptyObj(out ho_Image);
        HOperatorSet.GenEmptyObj(out ho_GrayImage);
        ho_Image.Dispose();
        HOperatorSet.ReadImage(out ho_Image, "1.jpg");
        HOperatorSet.GetImageSize(ho_Image, out hv_Width, out hv_Height);
        ho_GrayImage.Dispose();
        HOperatorSet.Rgb1ToGray(ho_Image, out ho_GrayImage);
        HOperatorSet.DispObj(ho_GrayImage, hv_ExpDefaultWinHandle);
        ho_Image.Dispose();
        ho_GrayImage.Dispose();
    }
    public void InitHalcon()
    { // Default settings used in HDevelop
        HOperatorSet.SetSystem("width", 512);
        HOperatorSet.SetSystem("height", 512);
```

```
        }
        public void RunHalcon(HTuple Window)
        {
            hv_ExpDefaultWinHandle = Window;
            action();
        }
    }
```

2．编写 C# 主程序

(1) 编写整合优化主程序。将 Halcon 导出的 C#代码放入主函数中。从导出的 Halcon 的 C#中拷贝 HDevelopExport 类到命名空间中，并利用 Halcon 代码构造读取图像函数 XPU_ReadImage 和彩色转灰度函数 XPU_ImageProcessing。

```
public partial class HDevelopExport
{
    public HTuple hv_ExpDefaultWinHandle;
    // Local iconic variables
    HObject ho_Image, ho_GrayImage;
    public void InitHalcon()
    {           // Default settings used in HDevelop
        HOperatorSet.SetSystem("do_low_error", "false");
    }
    public void XPU_ReadImage(HTuple Window, string path)
    {
        hv_ExpDefaultWinHandle = Window;
        // Initialize local and output iconic variables
        HOperatorSet.GenEmptyObj(out ho_Image);
        HOperatorSet.GenEmptyObj(out ho_GrayImage);
        //读取图片
        ho_Image.Dispose();
        HOperatorSet.ReadImage(out ho_Image, path);
        HOperatorSet.DispObj(ho_Image, hv_ExpDefaultWinHandle);
    }
    public void XPU_ImageProcessing()
    {
        HOperatorSet.Rgb1ToGray(ho_Image, out ho_GrayImage);
        HOperatorSet.DispObj(ho_GrayImage, hv_ExpDefaultWinHandle);
        ho_Image.Dispose();
        ho_GrayImage.Dispose();
    }
}
```

(2) 编写按钮控件代码。

① 在主函数中定义两个变量：

```
HDevelopExport XPU = new HDevelopExport();
string ImagePath;
```

② 添加“打开图像”按钮响应事件：

```
Stop();            //相机停止采集
OpenFileDialog lvse = new OpenFileDialog();
{
    lvse.Title = "选择图片";
    lvse.InitialDirectory = "";
    lvse.Filter = "图片文件|*.bmp;*.jpg;*.jpeg;*.gif;*.png";
    lvse.FilterIndex = 1;
}
if (lvse.ShowDialog() == DialogResult.OK)
{   HOperatorSet.ReadImage(out inImage, lvse.FileName);
    HOperatorSet.GetImageSize(inImage, out width, out height);
    HOperatorSet.SetPart(XPU_hWindowControl.HalconWindow,0,0,height, width);
    HOperatorSet.DispObj(inImage, XPU_hWindowControl.HalconWindow);
    ImagePath = lvse.FileName;
    XPU.ReadImage(XPU_hWindowControl.HalconWindow, ImagePath);
}
```

③ 添加“开始检测”按钮响应事件：

```
XPU.XPU_ImageProcessing();
```

3. 结果测试

“彩色转灰度”结果测试如图 8-14 所示。

图 8-14　彩色转灰度

8.2.3　形状检测

形状检测程序是在上述相机连接、数据采集及保存打开等基础上设计的，相关功能模块不变，仅对形状检测算法进行分析。

1．编写 Halcon 代码

(1) 检测照片中图像，且标记中心位置及其方向。

```
dev_update_window ('off')
//read_image (Image, 'fabrik')
get_image_size (Image, Width, Height)
dev_close_window ()
dev_open_window (0, 0, Width , Height, 'black', WindowID)
dev_display (Image)
set_display_font (WindowID, 14, 'mono', 'true', 'false')
disp_continue_message (WindowID, 'black', 'true')
stop ()
threshold (Image, Regions, 49, 95)
connection (Regions, Regions)
select_shape (Regions, SelectedRegions, 'area', 'and', 1380, 2242)
dev_set_draw ('fill')
dev_set_colored (12)
dev_display (SelectedRegions)
disp_continue_message (WindowID, 'black', 'true')
stop ()
dev_display (Image)
dev_set_color ('green')
dev_display (SelectedRegions)
orientation_region (SelectedRegions, Phi)
area_center (Regions, Area, Row, Column)
dev_set_line_width (3)
dev_set_draw ('margin')
Length := 80
for i := 0 to |Phi| - 1 by 1
    dev_set_color ('blue')
    disp_arrow(WindowID, Row[i], Column[i], Row[i] - Length * sin(Phi[i]), Column[i] + Length *
        cos(Phi[i]), 4)
    disp_message(WindowID, deg(Phi[i])$'3.1f' + ' deg', 'image', Row[i], Column[i] - 100, 'black',
        'false')
endfor
stop()
```

(2) 导出 C# 语言。将上述代码导出为“C#”语言，导出参数设置为：导出范围(程序)、函数属性、窗口导出和编码(UTF-8)。导出后的程序有子函数 disp_continue_message、disp_message、set_display_font()、action()、InitHalcon()和 RunHalcon (HTuple Window)。

action()函数如下：

```
private void action()
{
    // Stack for temporary objects
    HObject[] OTemp = new HObject[20];
    // Local iconic variables
    HObject ho_Image, ho_Regions, ho_SelectedRegions;
    // Local control variables
    HTuple hv_Width = null, hv_Height = null, hv_WindowID = new HTuple();
    HTuple hv_Phi = null, hv_Area = null, hv_Row = null, hv_Column = null;
    HTuple hv_Length = null, hv_i = null;
    // Initialize local and output iconic variables
    HOperatorSet.GenEmptyObj(out ho_Image);
    HOperatorSet.GenEmptyObj(out ho_Regions);
    HOperatorSet.GenEmptyObj(out ho_SelectedRegions);
    try
    {
        ho_Image.Dispose();
        //HOperatorSet.ReadImage(out ho_Image, "fabrik");
        HOperatorSet.GetImageSize(ho_Image, out hv_Width, out hv_Height);
        HOperatorSet.DispObj(ho_Image, hv_ExpDefaultWinHandle);
        set_display_font(hv_ExpDefaultWinHandle, 14, "mono", "true", "false");
        disp_continue_message(hv_ExpDefaultWinHandle, "black", "true");
        ho_Regions.Dispose();
        HOperatorSet.Threshold(ho_Image, out ho_Regions, 49, 95);
        HOperatorSet.Connection(ho_Regions, out OTemp[0]);
        ho_Regions.Dispose();
        ho_Regions = OTemp[0];
        ho_SelectedRegions.Dispose();
        HOperatorSet.SelectShape(ho_Regions, out ho_SelectedRegions, "area", "and", 1380, 2242);
        HOperatorSet.SetDraw(hv_ExpDefaultWinHandle, "fill");
        HOperatorSet.SetColored(hv_ExpDefaultWinHandle, 12);
        HOperatorSet.DispObj(ho_SelectedRegions, hv_ExpDefaultWinHandle);
        disp_continue_message(hv_ExpDefaultWinHandle, "black", "true");
        HOperatorSet.DispObj(ho_Image, hv_ExpDefaultWinHandle);
        HOperatorSet.SetColor(hv_ExpDefaultWinHandle, "green");
```

```
            HOperatorSet.DispObj(ho_SelectedRegions, hv_ExpDefaultWinHandle);
            HOperatorSet.OrientationRegion(ho_SelectedRegions, out hv_Phi);
            HOperatorSet.AreaCenter(ho_Regions, out hv_Area, out hv_Row, out hv_Column);
            HOperatorSet.SetLineWidth(hv_ExpDefaultWinHandle, 3);
            HOperatorSet.SetDraw(hv_ExpDefaultWinHandle, "margin");
            hv_Length = 80;
            for (hv_i=0; (int)hv_i<=(int)((new HTuple(hv_Phi.TupleLength()))-1); hv_i = (int)hv_i + 1)
            {
              HOperatorSet.SetColor(hv_ExpDefaultWinHandle, "blue");
              HOperatorSet.DispArrow(hv_ExpDefaultWinHandle, hv_Row.TupleSelect(hv_i),
                  hv_Column.TupleSelect(hv_i),
                  (hv_Row.TupleSelect(hv_i))-(hv_Length*
                  (((hv_Phi.TupleSelect(hv_i))).TupleSin())),
                  (hv_Column.TupleSelect(hv_i))+
                  (hv_Length*(((hv_Phi.TupleSelect(hv_i))).TupleCos())), 4);
                  disp_message(hv_ExpDefaultWinHandle, (((((hv_Phi.TupleSelect(hv_i))).TupleDeg()
                  )).TupleString("3.1f"))+" deg", "image", hv_Row.TupleSelect(hv_i),
                  (hv_Column.TupleSelect(hv_i))-100, "black", "false");
                    HDevelopStop();
            }
          }
          catch (HalconException HDevExpDefaultException)
          {
            ho_Image.Dispose();
            ho_Regions.Dispose();
            ho_SelectedRegions.Dispose();

            throw HDevExpDefaultException;
          }
          ho_Image.Dispose();
          ho_Regions.Dispose();
          ho_SelectedRegions.Dispose();
      }
      public void HDevelopStop()
      {
            MessageBox.Show("Press button to continue", "Program stop");
      }
```

2．编写形状测试算法代码

将 Halcon 导出的算法模块复制到 Algorithm.cs 程序中，并修改子函数 action 程序。在 action 变量声明处增加代码：

```
ho_Image = himage;
```

在 action 中 try 模块的“ho_Image.Dispose();”语句之后增加如下代码：

```
HOperatorSet.ClearWindow(hv_ExpDefaultWinHandle);
ho_Image = himage;
```

3．结果测试

“形状检测”测试结果如图 8-15 所示。

图 8-15 形状检测

8.2.4 二维长度测量

二维长度测量程序是在上述相机连接、数据采集及保存打开等基础上设计的，相关功能模块不变，仅对二维长度测量算法进行分析。

1．编写 Halcon 代码

```
read_image (Image, 'fabrik')
dev_close_window ()
dev_open_window (0, 0, 512, 512, 'black', WindowID)
dev_set_color ('white')
dev_set_draw ('fill')
regiongrowing (Image, Regions, 1, 1, 3, 400)  用区域生长实现图像分割
area_center (Regions, Area, Row, Column)    测得区域的面积和中心位置
runlength_features (Regions, NumRuns, KFactor, LFactor, MeanLength, Bytes)
                                            区域扫描宽度编码的特征值
dev_clear_window ()
dev_set_color ('white')
dev_display (Regions)
```

```
dev_set_color ('red')
Feature := Bytes
for i := 0 to |Row| - 1 by 1
    set_tposition (WindowID, Row[i], Column[i])  设置文本的光标位置
    write_string (WindowID, Feature[i]$'.3')       在屏幕的已设定的光标位置输出字符串
endfor
stop()
```

2．编写二维长度测量代码

(1) 将 Halcon 导出的算法模块复制到 Algorithm.cs 程序中，并修改子函数 action 程序。

```
private Results action(HImage himage)
{     // Local iconic variables
    HObject ho_Image, ho_Regions;
    ho_Image = himage;
    // Local control variables
    HTuple hv_WindowID = new HTuple(), hv_Area = null;
    HTuple hv_Row = null, hv_Column = null, hv_NumRuns = null;
    HTuple hv_KFactor = null, hv_LFactor = null, hv_MeanLength = null;
    HTuple hv_Bytes = null, hv_Feature = null, hv_i = null;
    // Initialize local and output iconic variables
    HOperatorSet.GenEmptyObj(out ho_Image);
    HOperatorSet.GenEmptyObj(out ho_Regions);
    try
    {         // dev_update_window(...); only in hdevelop
        ho_Image.Dispose();
        // HOperatorSet.ReadImage(out ho_Image, "fabrik");
        HOperatorSet.ClearWindow(hv_ExpDefaultWinHandle);
        ho_Image = himage;

        ho_Regions.Dispose();
        HOperatorSet.Regiongrowing(ho_Image, out ho_Regions, 1, 1, 3, 400);
        HOperatorSet.AreaCenter(ho_Regions, out hv_Area, out hv_Row, out hv_Column);
        HOperatorSet.RunlengthFeatures(ho_Regions, out hv_NumRuns, out hv_KFactor,
                                  out hv_LFactor, out hv_MeanLength, out hv_Bytes);
        // HOperatorSet.ClearWindow(hv_ExpDefaultWinHandle);
        HOperatorSet.SetColor(hv_ExpDefaultWinHandle, "white");
        HOperatorSet.DispObj(ho_Regions, hv_ExpDefaultWinHandle);
        HOperatorSet.SetColor(hv_ExpDefaultWinHandle, "red");
        hv_Feature = hv_Bytes.Clone();
        for (hv_i = 0; (int)hv_i <= (int)((new HTuple(hv_Row.TupleLength())) - 1);
                hv_i = (int)hv_i + 1)
```

```
        {
            HOperatorSet.SetTposition(hv_ExpDefaultWinHandle, hv_Row.TupleSelect(hv_i),
                                               hv_Column.TupleSelect(hv_i));
            HOperatorSet.WriteString(hv_ExpDefaultWinHandle,
                                               ((hv_Feature.TupleSelect(hv_i))).TupleString(".3"));
        }
        HDevelopStop();
    }
    catch (HalconException HDevExpDefaultException){
        ho_Image.Dispose();
        ho_Regions.Dispose();
        throw HDevExpDefaultException;
    }
    ho_Image.Dispose();
    ho_Regions.Dispose();
    return result;
}
```

(2) 在 action 中变量声明处增加代码：

```
ho_Image = himage;
```

在 action 中 try 模块的"ho_Image.Dispose();"语句之后增加如下代码：

```
HOperatorSet.ClearWindow(hv_ExpDefaultWinHandle);
ho_Image = himage;
```

3. 结果测试

"长度测量"测试结果如图 8-16 所示。

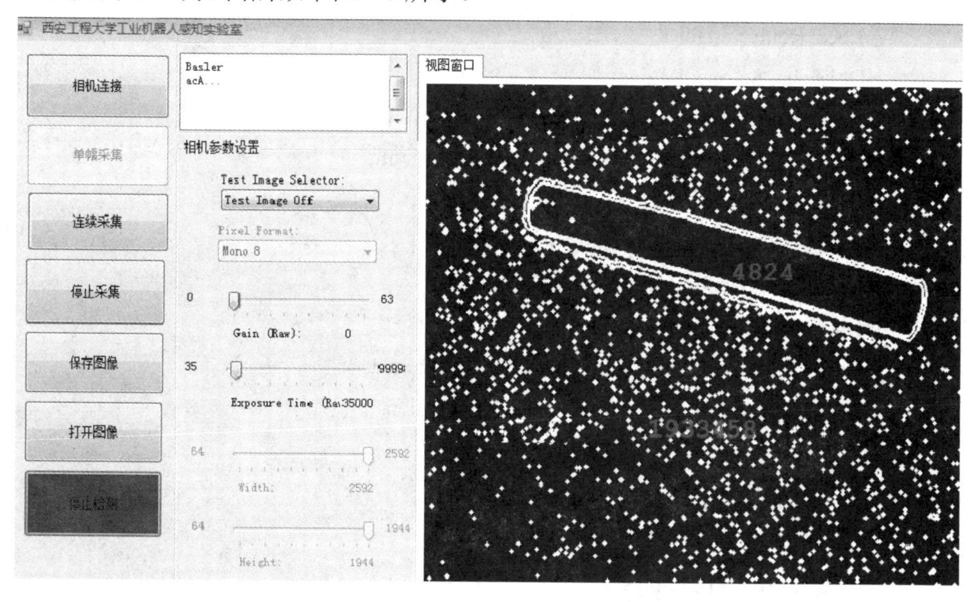

图 8-16　长度测量

8.2.5 回形针方向测量

回形针方向测量程序是在上述相机连接、数据采集及保存打开等基础上设计的，相关功能模块不变，仅对二维长度测量算法进行分析。

1. 编写 Halcon 代码

```
read_image(Image,'fabrik')
threshold (Image, Region, 0, 56)
connection(Region,ConnectedRegions)
select_shape(ConnectedRegions, SelectedRegions, 'area', 'and', 475, 595)

orientation_region(SelectedRegions,Phi)
area_center(SelectedRegions,Area,Row,Column)

for Index := 0 to |Phi|-1 by 1
    set_tposition(3600,Row[Index],Column[Index])
    write_string(3600,deg(Phi[Index])+'degrees')
endfor
```

2. 编写二维长度测量代码

(1) 将 Halcon 导出的算法模块复制到 Algorithm.cs 程序中，并修改子函数 action 程序。

```
private Results action(HImage himage)
{
    // Local iconic variables
    HObject ho_Image, ho_Region, ho_ConnectedRegions;
    ho_Image = himage;
    // Local iconic variables
    HObject ho_SelectedRegions;
    // Local control variables
    HTuple hv_Phi = null, hv_Area = null, hv_Row = null;
    HTuple hv_Column = null, hv_Index = null;
    // Initialize local and output iconic variables
    HOperatorSet.GenEmptyObj(out ho_Image);
    HOperatorSet.GenEmptyObj(out ho_Region);
    HOperatorSet.GenEmptyObj(out ho_ConnectedRegions);
    HOperatorSet.GenEmptyObj(out ho_SelectedRegions);
    try
    {
        // dev_update_window(...); only in hdevelop
        ho_Image.Dispose();
        // HOperatorSet.ReadImage(out ho_Image, "fabrik");
```

```
            // HOperatorSet.ClearWindow(hv_ExpDefaultWinHandle);
            ho_Image = himage;
            // HOperatorSet.ReadImage(out ho_Image, "fabrik");
            ho_Region.Dispose();
            HOperatorSet.Threshold(ho_Image, out ho_Region, 0, 56);
            ho_ConnectedRegions.Dispose();
            HOperatorSet.Connection(ho_Region, out ho_ConnectedRegions);
            ho_SelectedRegions.Dispose();
            HOperatorSet.SelectShape(ho_ConnectedRegions, out ho_SelectedRegions, "area",
                    "and", 47, 595);
            HOperatorSet.OrientationRegion(ho_SelectedRegions, out hv_Phi);
            HOperatorSet.AreaCenter(ho_SelectedRegions, out hv_Area, out hv_Row, out
                    hv_Column);
            for (hv_Index = 0; (int)hv_Index <= (int)((new HTuple(hv_Phi.TupleLength())) - 1);
                    hv_Index = (int)hv_Index + 1)
            {
                HOperatorSet.SetTposition(hv_ExpDefaultWinHandle,
                        hv_Row.TupleSelect(hv_Index), hv_Column.TupleSelect(hv_Index));
                HOperatorSet.WriteString(hv_ExpDefaultWinHandle,
                        (((hv_Phi.TupleSelect(hv_Index))).TupleDeg() ) + "degrees");
            }
        }
        catch (HalconException HDevExpDefaultException)
        {
            ho_Image.Dispose();
            ho_Region.Dispose();
            ho_ConnectedRegions.Dispose();
            ho_SelectedRegions.Dispose();
            throw HDevExpDefaultException;
        }
        ho_Image.Dispose();
        ho_Region.Dispose();
        ho_ConnectedRegions.Dispose();
        ho_SelectedRegions.Dispose();
        return result;
    }
```

(2) 在 action 变量声明处增加代码：

```
    ho_Image = himage;
```

在 action 的 try 模块的“ho_Image.Dispose();”语句之后增加如下代码：

```
HOperatorSet.ClearWindow(hv_ExpDefaultWinHandle);
ho_Image = himage;
```

3．结果测试

“回形针方向测量”测试结果如图 8-17 所示。

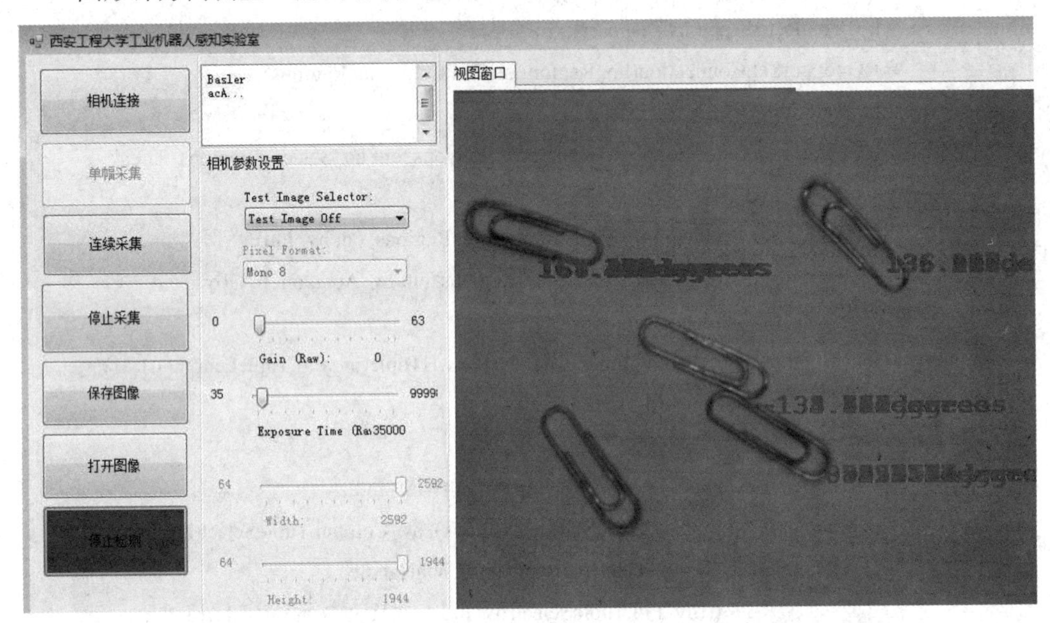

图 8-17　回形针方向测量

8.2.6　电路板检测

电路板检测程序是在上述相机连接、数据采集及保存打开等基础上设计的，相关功能模块不变，仅对二维长度测量算法进行分析。

1．编写 Halcon 代码

```
dev_update_window ('off')
dev_close_window ()
dev_open_window (0, 0, 728, 512, 'black', WindowID)
read_image (Bond, 'die/die_03')
dev_display (Bond)
set_display_font (WindowID, 14, 'mono', 'true', 'false')
disp_continue_message (WindowID, 'black', 'true')
stop ()
threshold (Bond, Bright, 100, 255)
*灰度分割
shape_trans (Bright, Die, 'rectangle2')
*图形分割
dev_set_color ('green')
```

```
dev_set_line_width (3)
dev_set_draw ('margin')
dev_display (Die)
disp_continue_message (WindowID, 'black', 'true')
stop ()
reduce_domain (Bond, Die, DieGrey)
*给特定区域进行填补；
threshold (DieGrey,WiresFilled, 0, 50)
*继续灰度分割
dev_display (Bond)
dev_set_draw ('fill')
dev_set_color ('red')
dev_display (WiresFilled)
disp_continue_message (WindowID, 'black', 'true')
stop ()
opening_circle (WiresFilled, Balls, 15.5) *打开具有圆形结构的区域，半径小于 15.5 以下
dev_set_color ('green')
dev_display (Balls)
disp_continue_message (WindowID, 'black', 'true')
stop ()
connection (Balls, SingleBalls)
*合并联通区域
select_shape (SingleBalls, IntermediateBalls, 'circularity', 'and', 0.85, 1.0) *选择满足要求的区域
sort_region (IntermediateBalls, FinalBalls, 'first_point', 'true', 'column')   *将检查出的图形排序
dev_display (Bond)
dev_set_colored (12)
dev_display (FinalBalls)
disp_continue_message (WindowID, 'black', 'true')
stop ()
smallest_circle (FinalBalls, Row, Column, Radius) *获取圆形区域参数，计算圆 xy 坐标及 r 半径
NumBalls := |Radius|
Diameter := 2 * Radius
meanDiameter := sum(Diameter) / NumBalls
mimDiameter := min(Diameter)
dev_display (Bond)
disp_circle (WindowID, Row, Column, Radius)
*绘制圆
dev_set_color ('white')
for i := 1 to NumBalls by 1
```

```
    if (fmod(i,2) == 1)
        disp_message (WindowID, 'D: ' + Diameter[i - 1], 'image', Row[i - 1] - 2.7 * Radius[i - 1],
                      max([Column[i - 1] - 60,0]), 'white', 'false')
    else
        disp_message (WindowID, 'D: ' + Diameter[i - 1], 'image', Row[i - 1] + 1.2 * Radius[i - 1],
                      max([Column[i - 1] - 60,0]), 'white', 'false')
    endif
endfor
*dump_window (WindowID, 'tiff_rgb', './ball')
dev_set_color ('green')
dev_update_window ('on')
disp_continue_message (WindowID, 'black', 'true')
stop ()
dev_close_window ()
```

2. 编写电路板缺陷检测测量代码

(1) 将 Halcon 导出的算法模块复制到 Algorithm.cs 程序中，并修改子函数 action 程序。

```
private Results action(HImage himage)
{
    // Local iconic variables
    HObject ho_Bond, ho_Bright, ho_Die, ho_DieGrey;
    HObject ho_WiresFilled, ho_Balls, ho_SingleBalls, ho_IntermediateBalls;
    HObject ho_FinalBalls;
    ho_Image = himage;
    // Local control variables
    HTuple hv_WindowID = new HTuple(), hv_Row = null;
    HTuple hv_Column = null, hv_Radius = null, hv_NumBalls = null;
    HTuple hv_Diameter = null, hv_meanDiameter = null, hv_mimDiameter = null;
    HTuple hv_i = null;
    // Initialize local and output iconic variables
    HOperatorSet.GenEmptyObj(out ho_Image);
    HOperatorSet.GenEmptyObj(out ho_Bright);
    HOperatorSet.GenEmptyObj(out ho_Die);
    HOperatorSet.GenEmptyObj(out ho_DieGrey);
    HOperatorSet.GenEmptyObj(out ho_WiresFilled);
    HOperatorSet.GenEmptyObj(out ho_Balls);
    HOperatorSet.GenEmptyObj(out ho_SingleBalls);
    HOperatorSet.GenEmptyObj(out ho_IntermediateBalls);
    HOperatorSet.GenEmptyObj(out ho_FinalBalls);
    try
```

```
{
  ho_Image.Dispose();
 // HOperatorSet.ReadImage(out ho_Image, "die/die_03");
 ho_Image = himage;
 HOperatorSet.DispObj(ho_Image, hv_ExpDefaultWinHandle);
 set_display_font(hv_ExpDefaultWinHandle, 14, "mono", "true", "false");
 disp_continue_message(hv_ExpDefaultWinHandle, "black", "true");
 // HDevelopStop();
 ho_Bright.Dispose();
 HOperatorSet.Threshold(ho_Image, out ho_Bright, 100, 255);
 //灰度分割
 ho_Die.Dispose();
 HOperatorSet.ShapeTrans(ho_Bright, out ho_Die, "rectangle2");
 //图形分割
 HOperatorSet.SetColor(hv_ExpDefaultWinHandle, "green");
 HOperatorSet.SetLineWidth(hv_ExpDefaultWinHandle, 3);
 HOperatorSet.SetDraw(hv_ExpDefaultWinHandle, "margin");
 HOperatorSet.DispObj(ho_Die, hv_ExpDefaultWinHandle);
 disp_continue_message(hv_ExpDefaultWinHandle, "black", "true");
 //HDevelopStop();
 ho_DieGrey.Dispose();
 HOperatorSet.ReduceDomain(ho_Image, ho_Die, out ho_DieGrey);
 //给特定区域进行填补;
 ho_WiresFilled.Dispose();
 HOperatorSet.Threshold(ho_DieGrey, out ho_WiresFilled, 0, 50);
 //继续灰度分割
 HOperatorSet.DispObj(ho_Image, hv_ExpDefaultWinHandle);
 HOperatorSet.SetDraw(hv_ExpDefaultWinHandle, "fill");
 HOperatorSet.SetColor(hv_ExpDefaultWinHandle, "red");
 HOperatorSet.DispObj(ho_WiresFilled, hv_ExpDefaultWinHandle);
 disp_continue_message(hv_ExpDefaultWinHandle, "black", "true");
 // HDevelopStop();
 ho_Balls.Dispose();
 HOperatorSet.OpeningCircle(ho_WiresFilled, out ho_Balls, 15.5);
 //打开圆形机构的元素，半径小于 15.5 以下
 HOperatorSet.SetColor(hv_ExpDefaultWinHandle, "green");
 HOperatorSet.DispObj(ho_Balls, hv_ExpDefaultWinHandle);
 disp_continue_message(hv_ExpDefaultWinHandle, "black", "true");
```

```
// HDevelopStop();
ho_SingleBalls.Dispose();
HOperatorSet.Connection(ho_Balls, out ho_SingleBalls);
//合并联通区域
ho_IntermediateBalls.Dispose();
HOperatorSet.SelectShape(ho_SingleBalls, out ho_IntermediateBalls, "circularity", "and", 0.85,
                        1.0);
//区域特征选择，选择需要的面积范围
ho_FinalBalls.Dispose();
HOperatorSet.SortRegion (ho_IntermediateBalls, out ho_FinalBalls, "first_point","true",
                        "column");
  //将检查出的图形排序
  HOperatorSet.DispObj(ho_Image, hv_ExpDefaultWinHandle);
  HOperatorSet.SetColored(hv_ExpDefaultWinHandle, 12);
  HOperatorSet.DispObj(ho_FinalBalls, hv_ExpDefaultWinHandle);
  disp_continue_message(hv_ExpDefaultWinHandle, "black", "true");
  //HDevelopStop();
 HOperatorSet.SmallestCircle(ho_FinalBalls, out hv_Row, out hv_Column, out hv_Radius);
  //计算最小圆，xy 坐标及 r 半径
  hv_NumBalls = new HTuple(hv_Radius.TupleLength());
  hv_Diameter = 2 * hv_Radius;
  hv_meanDiameter = (hv_Diameter.TupleSum()) / hv_NumBalls;
  hv_mimDiameter = hv_Diameter.TupleMin();
  HOperatorSet.DispObj(ho_Image, hv_ExpDefaultWinHandle);
  HOperatorSet.DispCircle(hv_ExpDefaultWinHandle, hv_Row, hv_Column, hv_Radius);
  //绘制圆
  HOperatorSet.SetColor(hv_ExpDefaultWinHandle, "white");
  HTuple end_val63 = hv_NumBalls;
  HTuple step_val63 = 1;
  for (hv_i = 1; hv_i.Continue(end_val63, step_val63); hv_i = hv_i.TupleAdd(step_val63))
  {
    if ((int)(new HTuple(((hv_i.TupleFmod(2))).TupleEqual(1))) != 0)
    {
      disp_message(hv_ExpDefaultWinHandle, "D: " + (hv_Diameter.TupleSelect(hv_i - 1)),
      "image", (hv_Row.TupleSelect(hv_i - 1)) - (2.7 * (hv_Radius.TupleSelect(hv_i - 1))),
      (((((hv_Column.TupleSelect(hv_i - 1)) - 60)).TupleConcat(0))).TupleMax(), "white",
      "false");
    }
    else
```

```
                {
                    disp_message(hv_ExpDefaultWinHandle, "D: " + (hv_Diameter.TupleSelect(hv_i - 1)),
                    "image", (hv_Row.TupleSelect(hv_i - 1)) + (1.2 * (hv_Radius.TupleSelect(hv_i - 1))),
                    (((((hv_Column.TupleSelect(hv_i - 1)) - 60)).TupleConcat(0))).TupleMax(), "white",
                    "false");
                }
            }
            HOperatorSet.SetColor(hv_ExpDefaultWinHandle, "green");
            disp_continue_message(hv_ExpDefaultWinHandle, "black", "true");
        }
        catch (HalconException HDevExpDefaultException)
        {
            ho_Image.Dispose();
            ho_Bright.Dispose();
            ho_Die.Dispose();
            ho_DieGrey.Dispose();
            ho_WiresFilled.Dispose();
            ho_Balls.Dispose();
            ho_SingleBalls.Dispose();
            ho_IntermediateBalls.Dispose();
            ho_FinalBalls.Dispose();
            throw HDevExpDefaultException;
        }
        ho_Image.Dispose();
        ho_Bright.Dispose();
        ho_Die.Dispose();
        ho_DieGrey.Dispose();
        ho_WiresFilled.Dispose();
        ho_Balls.Dispose();
        ho_SingleBalls.Dispose();
        ho_IntermediateBalls.Dispose();
        ho_FinalBalls.Dispose();
        return result;
    }
```

(2) 在 action 中变量声明处增加代码：

```
ho_Image = himage;
```

在 action 中的 try 模块的“ho_Image.Dispose();”语句之后增加如下代码：

```
HOperatorSet.ClearWindow(hv_ExpDefaultWinHandle);
ho_Image = himage;
```

3. 结果测试

“电路板检测”测试结果如图 8-18 所示。

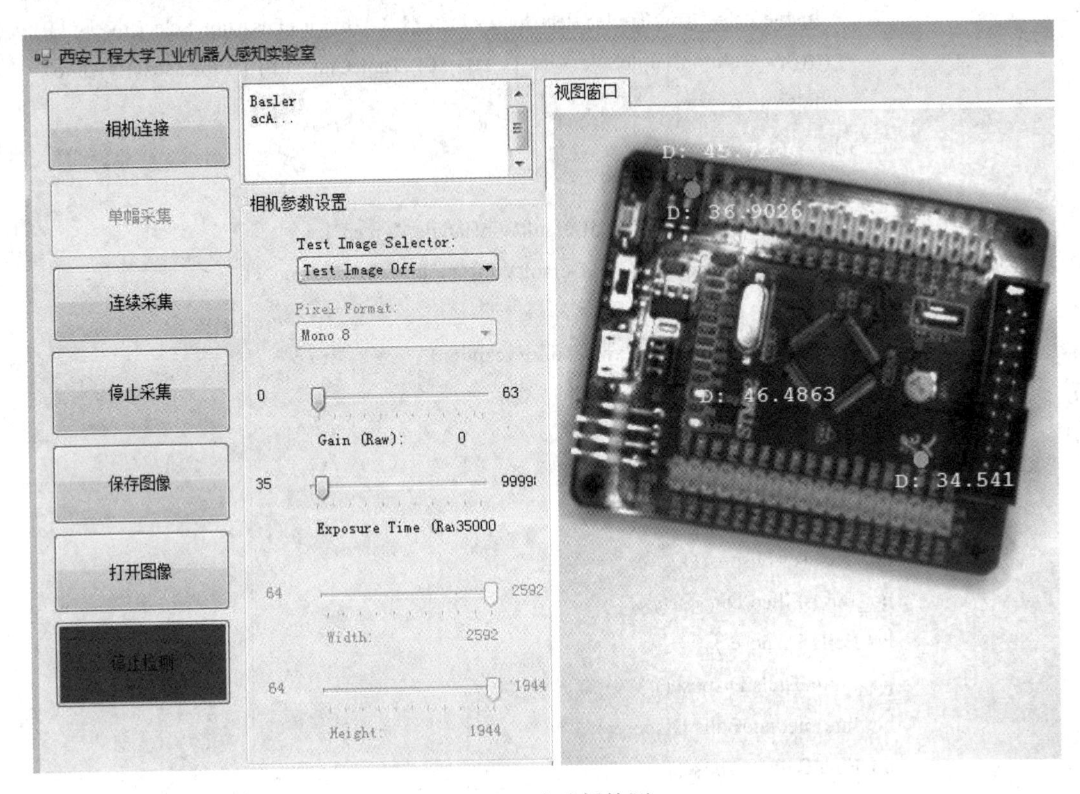

图 8-18　电路板检测

本章通过对各个功能逐步进行设计和测试，将复杂问题分解成若干模块，让读者能够从简到繁逐渐掌握使用 Halcon 和 C# 语言编程的方法和技巧，为使用工业相机捕获数据、检测、分析等提供了基础，具有极强的应用价值。

附录 Halcon 算子

Halcon 架构提供了大量便捷的操作算子。狭义上讲，算子是一个函数空间到另一个函数空间的映射。从广义上讲，算子是对任何函数进行某项操作。Halcon 提供的算子有分类算子、控制算子、Develop 算子、文件操作算子、滤波算子、图形算子、图像算子、线算子、匹配算子、3D 匹配算子、Morphology 算子、光字符识别算子、对象算子、区域算子、分割算子、系统算子、工具算子、数组算子、图形变量算子等几十类算子。

1. 分类算子 Classification

图像分类(Classification)是机器视觉的重要任务之一。Halcon 中常用的分类器有高斯混合模型 GMM、神经网络模型 Neural Nets、支持向量机 SVM 等。

1) Gaussian-Mixture-Models

(1) add_sample_class_gmm 把一个训练样本添加到一个高斯混合模型的训练数据上。

(2) classify_class_gmm 通过一个高斯混合模型来计算一个特征向量的类。

(3) clear_all_class_gmm 清除所有高斯混合模型。

(4) clear_class_gmm 清除一个高斯混合模型。

(5) clear_samples_class_gmm 清除一个高斯混合模型的训练数据。

(6) create_class_gmm 为分类创建一个高斯混合模型。

(7) evaluate_class_gmm 通过一个高斯混合模型评价一个特征向量。

(8) get_params_class_gmm 返回一个高斯混合模型的参数。

(9) get_prep_info_class_gmm 计算一个高斯混合模型的预处理特征向量的信息内容。

(10) get_sample_class_gmm 从一个高斯混合模型的训练数据返回训练样本。

(11) get_sample_num_class_gmm 返回存储在一个高斯混合模型的训练数据中的训练样本的数量。

(12) read_class_gmm 从一个文件中读取一个高斯混合模型。

(13) read_samples_class_gmm 从一个文件中读取一个高斯混合模型的训练数据。

(14) train_class_gmm 训练一个高斯混合模型。

(15) write_class_gmm 向文件中写入一个高斯混合模型。

(16) write_samples_class_gmm 向文件中写入一个高斯混合模型的训练数据。

2) Hyperboxes

(1) clear_sampset 释放一个数据集的内存。

(2) close_all_class_box 清除所有分类器。

(3) close_class_box 清除分类器。

(4) create_class_box 创建一个新的分类器。

(5) descript_class_box 描述分类器。

(6) enquire_class_box 用于为一组属性分类。

(7) enquire_reject_class_box 为一组带抑制类的属性分类。

(8) get_class_box_param 获取关于现在参数的信息。

(9) learn_class_box 训练分类器。

(10) learn_sampset_box 用数据组训练分类器。

(11) read_class_box 从一个文件中读取分类器。

(12) read_sampset 从一个文件中读取一个训练数据组。

(13) set_class_box_param 用于为分类器设计系统参数。

(14) test_sampset_box 用于为一组数据分类。

(15) write_class_box 在一个文件中保存分类器。

3) Neural-Nets

(1) add_sample_class_mlp 把一个训练样本添加到一个多层感知器的训练数据中。

(2) classify_class_mlp 通过一个多层感知器计算一个特征向量的类。

(3) clear_all_class_mlp 清除所有多层感知器。

(4) clear_class_mlp 清除一个多层感知器。

(5) clear_samples_class_mlp 清除一个多层感知器的训练数据。

(6) create_class_mlp 为分类或者回归创建一个多层感知器。

(7) evaluate_class_mlp 通过一个多层感知器计算一个特征向量的评估。

(8) get_params_class_mlp 返回一个多层感知器的参数。

(9) get_prep_info_class_mlp 计算一个多层感知器的预处理特征向量的信息内容。

(10) get_sample_class_mlp 从一个多层感知器的训练数据返回一个训练样本。

(11) get_sample_num_class_mlp 返回存储在一个多层感知器的训练数据中的训练样本的数量。

(12) read_class_mlp 从一个文件中读取一个多层感知器。

(13) read_samples_class_mlp 从一个文件中读取一个多层感知器的训练数据。

(14) train_class_mlp 训练一个多层感知器。

(15) write_class_mlp 向一个文件中写入一个多层感知器。

(16) write_samples_class_mlp 向一个文件中写入一个多层感知器的训练数据。

4) Support-Vector-Machines

(1) add_sample_class_svm 把一个训练样本添加到一个支持向量机的训练数据上。

(2) classify_class_svm 通过一个支持向量机为一个特征向量分类。

(3) clear_all_class_svm 清除所有支持向量机。

(4) clear_class_svm 清除一个支持向量机。

(5) clear_samples_class_svm 清除一个支持向量机的训练数据。

(6) create_class_svm 为模式分类创建一个支持向量机。

(7) get_params_class_svm 返回一个支持向量机的参数。

(8) get_prep_info_class_svm 计算一个支持向量机的预处理特征向量的信息内容。

(9) get_sample_class_svm 从一个支持向量机的训练数据返回一个训练样本。

(10) get_sample_num_class_svm 返回存储在一个支持向量机训练数据中的训练样本的数量。

(11) get_support_vector_class_svm 从一个训练过的支持向量机返回一个支持向量机的索引。

(12) get_support_vector_num_class_svm 返回一个支持向量机的支持向量的数量。

(13) read_class_svm 从一个文件中读取一个支持向量机。

(14) read_samples_class_svm 从一个文件中读取一个支持向量机的训练数据。

(15) reduce_class_svm 为了更快分类，用一个降低的支持向量机近似一个训练过的支持向量机。

(16) train_class_svm 训练一个支持向量机。

(17) write_class_svm 向一个文件中写入一个支持向量机。

(18) write_samples_class_svm 向一个文件中写入一个支持向量机的训练数据。

2. 控制算子 Control

Halcon 中控制算子(Control)是用于对 Halcon 程序进行操作的算子，包括终止程序、终止循环、变量管理、循环控制、条件控制等操作。

(1) assign 为一个控制变量分配一个新值。

(2) break 终止循环执行。

(3) comment 向程序添加一行注释。

(4) continue 跳过现在的循环执行。

(5) else 条件语句的替换。

(6) elseif 可选择的条件语句。

(7) endforfor 循环的终止。

(8) endifif 命令的终止。

(9) endwhilewhile 循环的终止。

(10) exit 终止 HDevelop。

(11) for 执行一定数量的主体。

(12) if 条件语句。

(13) ifelse 有选择的条件语句。

(14) insert 向一个数组分配一个量。

(15) repeat … until 循环的开始。

(16) return 终止程序调用。

(17) stop 停止程序执行。

(18) until 继续执行主体，只要条件是不真实的。

(19) while 继续执行主体，只要条件是真实的。

3. Develop 算子

(1) dev_clear_obj 从 Halcon 数据库中删除一个图标。
(2) dev_clear_window 清除活动图形窗口。
(3) dev_close_inspect_ctrl 关闭一个控制变量的监视窗口。
(4) dev_close_window 关闭活动图形窗口。
(5) dev_display 在现有图形窗口中显示图像目标。
(6) dev_error_var 定义或者不定义一个错误变量。
(7) dev_get_preferences 通过设计查询 HDevelop 的参数选择。
(8) dev_inspect_ctrl 打开一个窗口来检查一个控制变量。
(9) dev_map_par 打开一个对话框来指定显示参数。
(10) dev_map_prog 使 HDevelop_的主窗口可视化。
(11) dev_map_var 在屏幕上绘制可视化窗口。
(12) dev_open_window 打开一个图形窗口。
(13) dev_set_check 指定错误处理。
(14) dev_set_color 设置一个或更多输出颜色。
(15) dev_set_colored 设置混合输出颜色。
(16) dev_set_draw 定义区域填充模式。
(17) dev_set_line_width 定义区域轮廓输出的线宽。
(18) dev_set_lut 设置查询表_(lut)。
(19) dev_set_paint 定义灰度值输出模式。
(20) dev_set_part 修改显示图像部分。
(21) dev_set_preferences 通过设计设置 HDevelop 的参数选择。
(22) dev_set_shape 定义区域输出形状。
(23) dev_set_window 激活一个图形窗口。
(24) dev_set_window_extents 改变一个图形窗口的位置和大小。
(25) dev_unmap_par 为图形参数隐藏窗口。
(26) dev_unmap_prog 隐藏主窗口。
(27) dev_unmap_var 隐藏变量窗口。
(28) dev_update_pc 在程序执行中指定 PC 的行为。
(29) dev_update_time 为操作符打开或关闭切换时间测量。
(30) dev_update_var 在程序执行中指定活动窗口的行为。
(31) dev_update_window 在程序执行中指定输出行为。

4. 文件操作算子 File

1) Images

(1) read_image 读取有不同文件格式的图像。
(2) read_sequence 读取图像。
(3) write_image 用图形格式写图像。

2) Misc

(1) delete_file 删除一个文件。

(2) file_exists 检查文件是否存在。

(3) list_files 列出目录中的所有文件。

(4) read_world_file 从一个 ARC/INFO 世界文件中读取地理编码。

3) Region

(1) read_region 读取二值图像或者 Halcon 区域。

(2) write_region 在文件中写入地域。

4) Text

(1) close_all_files 关闭所有打开的文件。

(2) close_file 关闭一个文本文件。

(3) fnew_line 创建一个换行符。

(4) fread_char 从一个文本文件中读取一个字符。

(5) fread_line 从一个文本文件中读取一行。

(6) fread_string 从一个文本文件中读取字符串。

(7) fwrite_string 向一个文本文件中写入值。

(8) open_file 打开文本文件。

5) Tuple

(1) read_tuple 从一个文件中读取一个数组。

(2) write_tuple 向一个文件中写入一个数组。

6) _XLD

(1) read_contour_xld_arc_info 从用 ARC/INFO 生成格式表示的文件读取 XLD 轮廓。

(2) read_contour_xld_dxf 从一个 DXF 文件中读取 XLD 轮廓。

(3) read_polygon_xld_arc_info 从用 ARC/INFO 生成格式表示的文件读取 XLD 多边形。

(4) read_polygon_xld_dxf 从一个 DXF 文件中读取 XLD 多边形。

(5) write_contour_xld_arc_info 向用 ARC/INFO 生成格式表示的文件写入 XLD 轮廓。

(6) write_contour_xld_dxf 向一个 DXF 格式的文件中写入 XLD 轮廓。

(7) write_polygon_xld_arc_info 向用 ARC/INFO 生成格式表示的文件写入 XLD 多边形。

(8) write_polygon_xld_dxf 向一个 DXF 格式的文件中写入 XLD 多边形。

5. 滤波算子 Filter

图像滤波(Filter)广泛应用于机器视觉中，它不仅可以改变图像或增强图像，而且可以方便视觉的后期处理和分析。为了方便使用，Halcon 提供了关于滤波算法的相关算子。

1) Arithmetic

(1) abs_image 计算一个图像的绝对值(模数)。

(2) add_image 使两个图像相加。

(3) div_image 使两个图像相除。

(4) invert_image 使一个图像反像。

(5) max_image 按像素计算两个图像的最大值。

(6) min_image 按像素计算两个图像的最小值。

(7) mult_image 使两个图像相乘。

(8) scale_image 为一个图像的灰度值分级。

(9) sqrt_image 计算一个图像的平方根。

(10) sub_image 使两个图像相减。

2) Bit

(1) bit_and 输入图像的所有像素的逐位与。

(2) bit_lshift 图像的所有像素的左移。

(3) bit_mask 使用位掩码的每个像素的逻辑与。

(4) bit_not 对像素的所有位求补。

(5) bit_or 输入图像的所有像素的逐位或。

(6) bit_rshift 图像的所有像素的右移。

(7) bit_slice 从像素中提取一位。

(8) bit_xor 输入图像的所有像素的逐位异或。

3) Color

(1) cfa_to_rgb 把一个单通道颜色滤波阵列图像变成 RGB 图像。

(2) gen_principal_comp_trans 计算多通道图像的主要部分分析的转换矩阵。

(3) linear_trans_color 计算多通道图像的颜色值的一个仿射转换。

(4) principal_comp 计算多通道图像的主要部分。

(5) rgb1_to_gray 把一个三通道的 RGB 图像转变成一个灰度图像(一个输入参数)。

(6) rgb3_to_gray 把一个三通道的 RGB 图像转变成一个灰度图像(三个输入参数)。

(7) trans_from_rgb 把一个图像从 RGB 颜色空间转变成任意颜色空间。

(8) trans_to_rgb 把一个图像从任意颜色空间转变成 RGB 颜色空间。

4) Edges

(1) close_edges 使用边缘幅值图像消除边缘缺陷。

(2) close_edges_length 使用边缘幅值图像消除边缘缺陷。

(3) derivate_gauss 用高斯派生物对一个图像卷积。

(4) diff_of_gauss 区分近似高斯的拉普拉斯算子。

(5) edges_color 使用 Canny、Deriche 或者_Shen_滤波器提取颜色边缘。

(6) edges_color_sub_pix 使用 Canny、Deriche 或者_Shen_滤波器提取子像素精确颜色边缘。

(7) edges_image 使用 Deriche、_Lanser、Shen 或者_Canny 滤波器提取边缘。

(8) edges_sub_pix 使用 Deriche、_Lanser、Shen 或者_Canny 滤波器提取子像素精确边缘。

(9) frei_amp 使用 Frei-Chen 算子检测边缘(幅值)。

(10) frei_dir 使用 Frei-Chen 算子检测边缘(幅值和相位)。
(11) highpass_image 从一个图像提取高频成分。
(12) info_edges 在 edges_image 估计滤波器的宽度。
(13) kirsch_amp 使用 Kirsch 算子检测边缘(幅值)。
(14) kirsch_dir 使用 Kirsch 算子检测边缘(幅值和相位)。
(15) laplace 使用有限差计算拉普拉斯算子。
(16) laplace_of_gauss 使用有限差计算高斯的拉普拉斯算子。
(17) prewitt_amp 使用 Prewitt 算子检测边缘(幅值)。
(18) prewitt_dir 使用 Prewitt 算子检测边缘(幅值和相位)。
(19) Roberts_amp 使用 Roberts 滤波器检测边缘。
(20) robinson_amp 使用 Robinson 算子检测边缘(幅值)。
(21) robinson_dir 使用 Robinson 算子检测边缘(幅值和相位)。
(22) sobel_amp 使用 Sobel 算子检测边缘(幅值)。
(23) sobel_dir 使用 Sobel 算子检测边缘(幅值和相位)。

5) Enhancement

(1) adjust_mosaic_images 自动更改全景图像的颜色。
(2) coherence_enhancing_diff 执行一个图像的一致性增强扩散。
(3) emphasize 增强图像对比度。
(4) equ_histo_image 图像的柱状图线性化。
(5) illuminate 增强图像对比度。
(6) mean_curvature_flow 把平均曲率应用在一个图像中。
(7) scale_image_max 最大灰度值在 0 到 255 范围内。
(8) shock_filter 把一个冲击滤波器应用到一个图像中。

6) FFT

(1) convol_fft 用在频域内的滤波器使一个图像卷积。
(2) convol_gabor 用在频域内的一个 Gabor 滤波器使一个图像卷积。
(3) correlation_fft 计算在频域内的两个图像的相互关系。
(4) energy_gabor 计算一个两通道图像的能量。
(5) fft_generic 计算一个图像的快速傅里叶变换。
(6) fft_image 计算一个图像的快速傅里叶变换。
(7) fft_image_inv 计算一个图像的快速傅里叶逆变换。
(8) gen_bandfilter 生成一个理想带通滤波器。
(9) gen_bandpass 生成一个理想带通滤波器。
(10) gen_derivative_filter 在频域内生成一个倒数滤波器。
(11) gen_filter_mask 在空域内存储一个滤波器掩码作为实时图像。
(12) gen_gabor 生成一个 Gabor 滤波器。
(13) gen_gauss_filter 在频域内生成一个高斯滤波器。

(14) gen_highpass 生成一个理想高通滤波器。

(15) gen_lowpass 生成一个理想低通滤波器。

(16) gen_sin_bandpass 用正弦形状生成一个带通滤波器。

(17) gen_std_bandpass 用高斯或者正弦形状生成一个带通滤波器。

(18) optimize_fft_speed 使 FFT 的运行时间最优化。

(19) optimize_rft_speed 使实值的 FFT 的运行时间最优化。

(20) phase_deg 返回用角度表示的一个复杂图像的相位。

(21) phase_rad 返回用弧度表示的一个复杂图像的相位。

(22) power_byte 返回一个复杂图像的功率谱。

(23) power_ln_ 返回一个复杂图像的功率谱。

(24) power_real 返回一个复杂图像的功率谱。

(25) read_fft_optimization_data 从一个文件中下载 FFT 速度最优数据。

(26) rft_generic 计算一个图像的实值快速傅里叶变换。

(27) write_fft_optimization_data 把 FFT 速度最优数据存储在一个文件中。

7) Geometric-Transformations

(1) affine_trans_image 把任意仿射 2D 变换应用在图像中。

(2) affine_trans_image_size 把任意仿射 2D 变换应用在图像中,并且指定输出图像大小。

(3) gen_bundle_adjusted_mosaic 把多重图像合成一个马赛克图像。

(4) gen_cube_map_mosaic 创建球形马赛克的 6 方位图像。

(5) gen_projective_mosaic 把多重图像合成一个马赛克图像。

(6) gen_spherical_mosaic 创建一个球形马赛克图像。

(7) map_image 把一个一般变换应用于一个图像中。

(8) mirror_image 镜像一个图像。

(9) polar_trans_image 把一个图像转换成极坐标。

(10) polar_trans_image_ext 把一个图像中的环形弧转变成极坐标。

(11) polar_trans_image_inv 把极坐标中的图像转变成直角坐标。

(12) projective_trans_image 把投影变换应用于一个图像中。

(13) projective_trans_image_size 把投影变换应用于一个图像中，并且指定输出图像的大小。

(14) rotate_image 以一个图像的中心为圆心旋转。

(15) zoom_image_factor 把一个图像缩放规定因子倍。

(16) zoom_image_size 把一个图像缩放到规定大小。

8) Inpainting

(1) harmonic_interpolation 对一个图像区域执行谐波插值。

(2) inpainting_aniso 通过各向异性扩散执行图像修复。

(3) inpainting_ced 通过一致性增强扩散执行图像修复。

(4) inpainting_ct 通过连贯传送执行图像修复。

(5) inpainting_mcf 通过水平线平滑执行图像修复。
(6) inpainting_texture 通过结构传导执行图像修复。

9) Lines

(1) bandpass_image 使用带通滤波器提取边缘。
(2) lines_color 检测色线和它们的宽度。
(3) lines_facet 使用面模型检测线。
(4) lines_gauss 检测线和它们的宽度。

10) Match

(1) exhaustive_match 模板和图像的匹配。
(2) exhaustive_match_mg 在一个分辨率塔式结构中匹配模板和图像。
(3) gen_gauss_pyramid 计算一个高斯金字塔。
(4) monotony 计算单一操作。

11) Misc

(1) convol_image 用一个任意滤波掩码对一个图像卷积。
(2) expand_domain_gray 扩大图像区域并且在扩大的区域中设置灰度值。
(3) gray_inside 对图像中的每一点在图像边界的任意路径计算尽可能低的灰度值。
(4) gray_skeleton 细化灰度值图像。
(5) lut_trans 使用灰度值查询表转换一个图像。
(6) symmetry 沿一行的灰度值的对称性。
(7) topographic_sketch 计算一个图像的地理原始草图。

12) Noise

(1) add_noise_distribution 向一个图像添加噪声。
(2) add_noise_white 向一个图像添加噪声。
(3) gauss_distribution 产生一个高斯噪声分布。
(4) noise_distribution_mean 测定一个图像的噪声分布。
(5) sp_distribution 产生一个椒盐噪声分布。

13) Optical-Flow

(1) optical_flow_mg 计算两个图像之间的光流。
(2) unwarp_image_vector_field 使用一个矢量场来展开一个图像。
(3) vector_field_length 计算一个矢量场的矢量长度。

14) Points

(1) corner_response 在图像中寻找角点。
(2) dots_image 在一个图像中增强圆形点。
(3) points_forstner 使用 Förstner 算子检测关注点。
(4) points_harris 使用 Harris 算子检测关注点。

(5) points_sojka 使用 Sojka 算子找出角点。

15) Smoothing

(1) anisotrope_diff 通过各向异性扩散平滑一个图像。
(2) anisotropic_diffusion 对一个图像执行各向异性扩散。
(3) binomial_filter 使用 binomial 滤波器平滑一个图像。
(4) eliminate_min_max 在空域内平滑一个图像来抑制噪声。
(5) eliminate_sp 用中值替代阈值外的值。
(6) fill_interlace 插补两个半个视频图像。
(7) gauss_image 使用离散高斯函数平滑图像。
(8) info_smooth 平滑滤波器 smooth_image 的信息。
(9) isotropic_diffusion 对一个图像执行各向同性扩散。
(10) mean_image 通过平均平滑一个图像。
(11) mean_n 几个通道的平均灰度值。
(12) mean_sp 抑制椒盐噪声。
(13) median_image 使用不同级别掩码的中值滤波。
(14) median_separate 使用矩形掩码的离散中值滤波。
(15) median_weighted 使用不同级别掩码的加权中值滤波。
(16) midrange_image 计算掩码内最大和最小值的平均。
(17) rank_image 通过一个任意等级掩码平滑一个图像。
(18) sigma_image 使用 sigma 滤波器的非线性平滑。
(19) smooth_image 使用递归滤波器平滑一个图像。
(20) trimmed_mean 使用任意等级掩码平滑一个图像。

16) Texture

(1) deviation_image 计算矩形窗口内的灰度值的标准偏差。
(2) entropy_image 计算矩形窗口内的灰度值的熵。
(3) texture_laws 使用一个 Laws 文本滤波器过滤一个图像。

17) Wiener-Filter

(1) gen_psf_defocus 产生一个均匀散焦模糊的脉冲效应。
(2) gen_psf_motion 产生一个(线性)运动模糊的脉冲效应。
(3) simulate_defocus 对一个图像的均匀散焦模糊进行仿真。
(4) simulate_motion (线性)运动模糊的仿真。
(5) wiener_filter 通过 Wiener 滤波进行图像恢复。
(6) wiener_filter_ni 通过 Wiener 滤波进行图像恢复。

6. 图形算法 Graphics

1) Drawing

(1) drag_region1 一个区域的交互运动。
(2) drag_region2 一个带有定点规格区域的交互运动。

(3) drag_region3 一个带有限制位置区域的交互运动。
(4) draw_circle 一个圆的交互绘图。
(5) draw_circle_mod 一个圆的交互绘图。
(6) draw_ellipse 一个椭圆的交互绘图。
(7) draw_ellipse_mod 一个椭圆的交互绘图。
(8) draw_line 画一根线。
(9) draw_line_mod 画一根线。
(10) draw_nurbs 一个 NURBS 曲线的交互绘图。
(11) draw_nurbs_interp 使用插值的一个 NURBS 曲线的交互绘图。
(12) draw_nurbs_interp_mod 使用插值的一个 NURBS 曲线的交互修正。
(13) draw_nurbs_mod 一个 NURBS 曲线的交互修正。
(14) draw_point 画一个点。
(15) draw_point_mod 画一个点。
(16) draw_polygon 一个多边形的交互绘图。
(17) draw_rectangle1 画一个与坐标轴平行的矩形。
(18) draw_rectangle1_mod 画一个与坐标轴平行的矩形。
(19) draw_rectangle2 任意定向矩形的交互绘图。
(20) draw_rectangle2_mod 任意定向矩形的交互绘图。
(21) draw_region 一个闭区域的交互绘图。
(22) draw_xld 一个轮廓的交互绘图。
(23) draw_xld_mod 一个轮廓的交互修正。

2) Gnuplot

(1) gnuplot_close 关闭所有打开的 gnuplot 文件或者终止一个活动的 gnuplot 子流程。
(2) gnuplot_open_file 为图像和控制量的可视化打开一个 gnuplot 文件。
(3) gnuplot_open_pipe 为图像和控制量的可视化打开一个通道的 gnuplot 流程。
(4) gnuplot_plot_ctrl 使用 gnuplot 显示控制量。
(5) gnuplot_plot_funct_1d 使用 gnuplot 显示控制量的功能。
(6) gnuplot_plot_image 使用 gnuplot 使一个图像可视化。

3) LUT

(1) disp_lut 查询表的图解。
(2) draw_lut 交互利用查询表。
(3) get_fixed_lut 为实际彩色图像获取固定查询表。
(4) get_lut 获取现在的查询表。
(5) get_lut_style 获取查询表的修正参数。
(6) query_lut 查询所有可得到的查询表。
(7) set_fixed_lut 为实际彩色图像固定查询表。
(8) set_lut 设置查询表。
(9) set_lut_style 改变查询表。

(10) write_lut 把查询表作为文件写入。

4) Mouse

(1) get_mbutton 等待直到一个鼠标键被按下。
(2) get_mposition 查询鼠标位置。
(3) get_mshape 查询现在鼠标指针形状。
(4) query_mshape 查询所有可得到的鼠标指针形状。
(5) set_mshape 设置现在鼠标指针形状。

5) Output

(1) disp_arc 在一个窗口中显示圆形弧。
(2) disp_arrow 在一个窗口中显示箭头。
(3) disp_channel 用几个通道显示图像。
(4) disp_circle 在一个窗口中显示圆。
(5) disp_color 显示一个彩色(RGB)图像。
(6) disp_cross 在一个窗口中显示交叉。
(7) disp_distribution 显示一个噪声分布。
(8) disp_ellipse 显示椭圆。
(9) disp_image 显示灰度值图像。
(10) disp_line 在窗口中画一条线。
(11) disp_obj 显示图像目标(图像、区域、XLD)。
(12) disp_polygon 显示一个多叉线。
(13) disp_rectangle1 显示和坐标轴对齐的矩形。
(14) disp_rectangle2 显示任意方向的矩形。
(15) disp_region 在一个窗口中显示区域。
(16) disp_xld 显示一个 XLD 物体。

6) Parameters

(1) get_comprise 获取一个图像矩阵的输出处理。
(2) get_draw 获取现在区域填充模式。
(3) get_fix 获取现在查询表的固定模式。
(4) get_hsi 获取现在颜色的 HSI 编码。
(5) get_icon 查询区域输出的图标。
(6) get_insert 获取现在显示模式。
(7) get_line_approx 获取轮廓显示的现在近似误差。
(8) get_line_style 获取轮廓显示的现在图解模式。
(9) get_line_width 获取轮廓显示的现在线宽。
(10) get_paint 获取灰度值的现在显示模式。
(11) get_part 获取图像部分。
(12) get_part_style 获取灰度值显示的现在插值模式。

(13) get_pixel 获取查询表索引现在的颜色。
(14) get_rgb 获取 RGB 编码中现在的颜色。
(15) get_shape 获取现在区域输出形状。
(16) query_all_colors 查询所有颜色名称。
(17) query_color 查询窗口中显示的所有颜色名称。
(18) query_colored 查询颜色输出的颜色数目。
(19) query_gray 查询显示的灰度值。
(20) query_insert 查询可能的图解模式。
(21) query_line_width 查询可能的线宽。
(22) query_paint 查询灰度值显示模式。
(23) query_shape 查询区域显示模式。
(24) set_color 设置输出颜色。
(25) set_colored 设置多输出颜色。
(26) set_comprise 定义图像矩阵输出剪辑。
(27) set_draw 定义区域填充模式。
(28) set_fix 设置固定的查询表。
(29) set_gray 定义区域输出的灰度值。
(30) set_hsi 定义输出颜色(HSI 编码)。
(31) set_icon 区域输出的图标定义。
(32) set_insert 定义图像输出功能。
(33) set_line_approx 定义输出显示的近似误差。
(34) set_line_style 定义一个轮廓输出模式。
(35) set_line_width 定义区域轮廓输出的线宽。
(36) set_paint 定义灰度值输出模式。
(37) set_part 修正显示图像部分。
(38) set_part_style 为灰度值输出定义一个插值方法。
(39) set_pixel 定义一个颜色查询表索引。
(40) set_rgb 通过 RGB 值设置颜色定义。
(41) set_shape 定义区域输出轮廓。

7) Text

(1) get_font 获取现在字体。
(2) get_string_extents 获取一个字符串的空间大小。
(3) get_tposition 获取光标位置。
(4) get_tshape 获取文本光标的形状。
(5) new_line 设置下一行的开始文本光标的位置。
(6) query_font 查询可得到的字体。
(7) query_tshape 查询文本光标的所有可得到的形状。
(8) read_char 从一个文本窗口读取一个字符。

(9) read_string 从一个文本窗口读取一个字符串。
(10) set_font 设置文本输出的字体。
(11) set_tposition 设置文本光标的位置。
(12) set_tshape 设置文本光标的形状。
(13) write_string 在一个窗口中打印文本。

8) Window
(1) clear_rectangle 在输出窗口中删除一个矩形。
(2) clear_window 删除一个输出窗口。
(3) close_window 关闭一个输出窗口。
(4) copy_rectangle 在输出窗口间复制矩形内所有像素。
(5) dump_window 把窗口内容写入一个文件。
(6) dump_window_image 在一个图像目标中写窗口内容。
(7) get_os_window_handle 获取操作系统图像处理。
(8) get_window_attr 获取窗口特征。
(9) get_window_extents 一个窗口大小和位置的信息。
(10) get_window_pointer3 一个窗口像素数据的通道。
(11) get_window_type 获取窗口类型。
(12) move_rectangle 在一个输出窗口内部复制。
(13) new_extern_window 在 Windows_NT 下创建一个虚拟图形窗口。
(14) open_textwindow 打开一个文本窗口。
(15) open_window 打开一个图形窗口。
(16) query_window_type 查询所有可得到的窗口类型。
(17) set_window_attr 设置窗口特征。
(18) set_window_dc 设置一个虚拟图形窗口(Windows_NT)的设计背景。
(19) set_window_extents 修正一个窗口的位置和大小。
(20) set_window_type 指定一个窗口类型。
(21) slide_image 两个窗口缓冲区的交互输出。

7. 图像算子 Image

图像处理(Image)是机器视觉的重要组成部分，Halcon 提供了图像的获取、处理、特征提取等操作算子。

1) Access
(1) get_grayval 获取一个图像目标的灰度值。
(2) get_image_pointer1 获取一个通道的指针。
(3) get_image_pointer1_rect 获取图像数据指针和输入图像区域内最小矩形内部的图像数据。
(4) get_image_pointer3 获取一个彩色图像的指针。
(5) get_image_time 查找图像被创建的时间。

2) Acquisition

(1) close_all_framegrabbers 关闭所有图像获取设备。

(2) close_framegrabber 关闭指定的图像获取设备。

(3) get_framegrabber_lut 查找图像获取设备的查询表。

(4) get_framegrabber_param 查找一个图像获取设备的指定参数。

(5) grab_data 从指定的图像获取设备、图像和预处理图像数据。

(6) grab_data_async 从指定的图像获取设备获取图像和预处理图像数据并且开始下一个异步获取。

(7) grab_image 从指定的图像获取设备、获取一个图像。

(8) grab_image_async 从指定的图像获取设备、获取一个图像，并且开始下一个异步获取。

(9) grab_image_start 从指定的图像获取设备，开始下一个异步获取。

(10) info_framegrabber 从指定的图像获取设备查找信息。

(11) open_framegrabber 打开并配置一个图像获取设备。

(12) set_framegrabber_lut 设置图像获取设备查询表。

(13) set_framegrabber_param 设置一个图像获取设备的指定参数。

3) Channel

(1) access_channel 获取一个多通道图像的一个通道。

(2) append_channel 把附加模型(通道)添加到图像上。

(3) channels_to_image 把单通道图像转变为一个多通道图像。

(4) compose2 把两个图像转变为一个两通道图像。

(5) compose3 把三个图像转变为一个三通道图像。

(6) compose4 把四个图像转变为一个四通道图像。

(7) compose5 把五个图像转变为一个五通道图像。

(8) compose6 把六个图像转变为一个六通道图像。

(9) compose7 把七个图像转变为一个七通道图像。

(10) count_channels 计算图像的通道。

(11) decompose2 把一个两通道图像转变为两个图像。

(12) decompose3 把一个三通道图像转变为三个图像。

(13) decompose4 把一个四通道图像转变为四个图像。

(14) decompose5 把一个五通道图像转变为五个图像。

(15) decompose6 把一个六通道图像转变为六个图像。

(16) decompose7 把一个七通道图像转变为七个图像。

(17) image_to_channels 把一个多通道图像转变为一个通道图像。

4) Creation

(1) copy_image 复制一个图像并为它分配新内存。

(2) gen_image1 从像素的一个指针创建一个图像。

(3) gen_image1_extern 从像素(带存储管理)的一个指针创建一个图像。

(4) gen_image1_rect 从像素(带存储管理)的一个指针创建一个矩形区域的图像。

(5) gen_image3 从像素(红、绿、蓝)的三个指针创建一个图像。

(6) gen_image_const 创建一个固定灰度值的图像。

(7) gen_image_gray_ramp 创建一个灰度值阶梯。

(8) gen_image_interleaved 从交叉像素的一个指针创建一个三通道图像。

(9) gen_image_proto 创建一个指定的固定灰度值的图像。

(10) gen_image_surface_first_order 创建一阶多项式的一个弯曲灰度表面。

(11) gen_image_surface_second_order 创建二阶多项式的一个弯曲灰度表面。

(12) region_to_bin 把一个区域转变为一个二进制字节图像。

(13) region_to_label 把区域转变为一个标签图像。

(14) region_to_mean 用它们的平均灰度值绘制区域。

5) Domain

(1) add_channels 把两个灰度值添加到区域中。

(2) change_domain 改变一个图像的定义区间。

(3) full_domain 把一个图像的区域扩大到最大值。

(4) get_domain 获取一个图像的区域。

(5) rectangle1_domain 把一个图像的区域缩小到一个矩形。

(6) reduce_domain 缩小一个图像的区域。

6) Features

(1) area_center_gray 计算一个灰度值图像的区域面积和重心。

(2) cooc_feature_image 计算一个同时出现的矩阵，并得出相关灰度值特征。

(3) cooc_feature_matrix 从一个同时出现的矩阵计算灰度值特征。

(4) elliptic_axis_gray 在一个灰度值图像中计算一个区域的方位和主轴。

(5) entropy_gray 确定一个图像的熵和各向异性。

(6) estimate_noise 从一个单一图像估计图像噪声。

(7) fit_surface_first_order 通过一个一阶表面(平面)计算灰度值力矩和近似值。

(8) fit_surface_second_order 通过一个二阶表面(平面)计算灰度值力矩和近似值。

(9) fuzzy_entropy 确定区域的模糊熵。

(10) fuzzy_perimeter 计算一个区域的模糊周长。

(11) gen_cooc_matrix 在一个图像中计算一个区域中同时出现的矩阵。

(12) gray_histo 计算灰度值分布。

(13) gray_histo_abs 计算灰度值分布。

(14) gray_projections 计算水平和垂直灰度值预测。

(15) histo_2dim 计算两通道灰度值图像的直方图。

(16) intensity 计算灰度值的平均值和偏差。

(17) min_max_gray 计算区域内的最大和最小灰度值。

(18) moments_gray_plane 通过一个平面计算灰度值力矩和近似值。

(19) plane_deviation 从近似像平面计算灰度值的偏差。

(20) select_gray 选择基于灰度值特征的区域。
(21) shape_histo_all 用极限值确定特征的一个直方图。
(22) shape_histo_point 用极限值确定特征的一个直方图。

7) Format
(1) change_format 改变图像大小。
(2) crop_domain 去掉确定的灰度值。
(3) crop_domain_rel 去掉和定义域有关的图像区域。
(4) crop_part 去掉一个矩形图像区域。
(5) crop_rectangle1 去掉一个矩形图像区域。
(6) tile_channels 把多重图像拼成一个大图像。
(7) tile_images 把多重图像目标拼成一个大图像。
(8) tile_images_offset 把多重图像目标拼成一个有确定位置信息的大图像。

8) Manipulation
(1) overpaint_gray 重新绘制一个图像的灰度值。
(2) overpaint_region 重新绘制一个图像的区域。
(3) paint_gray 把一个图像的灰度值画在另一个图像上。
(4) paint_region 把区域画在一个图像中。
(5) paint_xld 把 XLD 目标画在一个图像中。
(6) set_grayval 在一个图像中设置单灰度值。

9) Type-Conversion
(1) complex_to_real 把一个复杂图像转变为两个实际图像。
(2) convert_image_type 转变一个图像的类型。
(3) real_to_complex 把两个实际图像转变为一个复杂图像。
(4) real_to_vector_field 把两个实值图像转变为一个矢量域图像。
(5) vector_field_to_real 把一个矢量域图像转变为两个实值图像。

8. 线算子 Lines

Halcon 提供了线(Lines)的操作，包括线的特性、线间的关系。

1) Access
(1) approx_chain 通过弧和线近似一个轮廓。
(2) approx_chain_simple 通过弧和线近似一个轮廓。

2) Features
(1) line_orientation 计算线的方位。
(2) line_position 计算一条线的重心、长度和方位。
(3) partition_lines 通过各种标准区分线。
(4) select_lines 通过各种标准选择线。
(5) select_lines_longest 选择最长输入线。

9．匹配算子 Matching

模板匹配(Matching)，需要一个模板。通过在图像中寻找与模板相匹配的区域。Halcon提供了三种模板匹配方法，即基于组件的匹配(Component-based)、基于灰度值的匹配(Gray-value-based)和基于形状的匹配(Shaped-based)。

1) Component-based

(1) clear_all_component_models 释放所有组件模型的内存。

(2) clear_all_training_components 释放所有组件训练结果的内存。

(3) clear_component_model 释放一个组件模型的内存。

(4) clear_training_components 释放一个组件训练结果的内存。

(5) cluster_model_components 把用于创建模型组件的新参数用于训练结果。

(6) create_component_model 基于确定的指定组件和关系准备一个匹配的组件模型。

(7) create_trained_component_model 基于训练过的组件准备一个匹配的组件模型。

(8) find_component_model 在一个图像中找出一个组件模型的最佳匹配。

(9) gen_initial_components 提取一个组件模型的最初组件。

(10) get_component_model_params 返回一个组件模型的参数。

(11) get_component_model_tree 返回一个组件模型的查找树。

(12) get_component_relations 返回包含在训练结果内的模型组件间的关系。

(13) get_found_component_model 返回一个组件模型的一个创建例子的组件。

(14) get_training_components 在一个特定的图像中返回初始值或者模型组件。

(15) inspect_clustered_components 检查从训练获取的刚性的模型组件。

(16) modify_component_relations 修改一个训练结果中的关系。

(17) read_component_model 从一个文件中读取组件模型。

(18) read_training_components 从一个文件中读取组件训练结果。

(19) train_model_components 为基于组件的匹配训练组件和关系。

(20) write_component_model 把一个组件模型写入一个文件中。

(21) write_training_components 把一个组件训练结果写入一个文件中。

2) Gray-value-based

(1) adapt_template 把一个模板用于一个图像的大小。

(2) best_match 寻找一个模板和一个图像的最佳匹配。

(3) best_match_mg 在金字塔中寻找最佳灰度值匹配。

(4) best_match_pre_mg 在预生成的金字塔中寻找最佳灰度值匹配。

(5) best_match_rot 寻找一个模板和一个旋转图像的最佳匹配。

(6) best_match_rot_mg 寻找一个模板和一个旋转金字塔的最佳匹配。

(7) clear_all_templates 清除所有模板的内存分配。

(9) clear_template 清除一个模板的内存分配。

(10) create_template 为模板匹配准备一个格式。

(11) create_template_rot 为旋转模板匹配准备一个格式。

(12) fast_match 寻找一个模板和一个图像的所有好的匹配。

(13) fast_match_mg 在金字塔中寻找所有好的灰度值匹配。

(14) read_template 从一个文件中读取一个模板。

(15) set_offset_template 模板的灰度值偏差。

(16) set_reference_template 为一个匹配模板定义参考位置。

(17) write_template 向一个文件中写入模板。

3) Shape-based

(1) clear_all_shape_models 释放所有轮廓模型的内存。

(2) clear_shape_model 释放一个轮廓模型的内存。

(3) create_aniso_shape_model 为各向异性尺度不变匹配准备一个轮廓模型。

(4) create_scaled_shape_model 为尺度不变匹配准备一个轮廓模型。

(5) create_shape_model 为匹配准备一个轮廓模型。

(6) determine_shape_model_params 确定一个轮廓模型的参数。

(7) find_aniso_shape_model 在一个图像中找出一个各向异性尺度不变轮廓的最佳匹配。

(8) find_aniso_shape_models 找出多重各向异性尺度不变轮廓模型的最佳匹配。

(9) find_scaled_shape_model 在一个图像中找出一个尺度不变轮廓模型的最佳匹配。

(10) find_scaled_shape_models 找出多重尺度不变轮廓模型的最佳匹配。

(11) find_shape_model 在一个图像中找出一个轮廓模型的最佳匹配。

(12) find_shape_models 找出多重轮廓模型的最佳匹配。

(13) get_shape_model_contours 返回一个轮廓模型的轮廓表示。

(14) get_shape_model_origin 返回一个轮廓模型的原点(参考点)。

(15) get_shape_model_params 返回一个轮廓模型的参数。

(16) inspect_shape_model 创建一个轮廓模型的表示。

(17) read_shape_model 从一个文件中读取一个轮廓模型。

(18) set_shape_model_origin 设置一个轮廓模型的原点(参考点)。

(19) write_shape_model 向一个文件中写入一个轮廓模型。

10．3D 匹配算子(Matching-3D)

3D 模板匹配(3D-Matching)原理和算法相对复杂，Halcon 提供了 3D 模板匹配的相关操作。

(1) affine_trans_object_model_3d 把一个任意有限 3D 变换用于一个 3D 目标模型。

(2) clear_all_object_model_3d 释放所有 3D 目标模型的内存。

(3) clear_all_shape_model_3d 释放所有 3D 轮廓模型的内存。

(4) clear_object_model_3d 释放一个 3D 目标模型的内存。

(5) clear_shape_model_3d 释放一个 3D 轮廓模型的内存。

(6) convert_point_3d_cart_to_spher 把直角坐标系中的一个 3D 点转变为极坐标。

(7) convert_point_3d_spher_to_cart 把极坐标中的一个 3D 点转变为直角坐标。

(8) create_cam_pose_look_at_point 从摄像机中心和观察方向创建一个 3D 摄像机位置。

(9) create_shape_model_3d 为匹配准备一个 3D 目标模型。

(10) find_shape_model_3d 在一个图像中找出一个 3D 模型的最佳匹配。

(11) get_object_model_3d_params 返回一个 3D 目标模型的参数。

(12) get_shape_model_3d_contours 返回一个 3D 轮廓模型视图的轮廓表示。

(13) get_shape_model_3d_params 返回一个 3D 轮廓模型的参数。

(14) project_object_model_3d 把一个 3D 目标模型的边缘投影到图像坐标中。

(15) project_shape_model_3d 把一个 3D 轮廓模型的边缘投影到图像坐标中。

(16) read_object_model_3d_dxf 从一个 DXF 文件中读取一个 3D 目标模型。

(17) read_shape_model_3d 从一个文件中读取一个 3D 轮廓模型。

(18) trans_pose_shape_model_3d 把一个 3D 目标模型的坐标系中的位置转变为一个 3D 轮廓模型的参考坐标系中的位置，反之亦然。

(19) write_shape_model_3d 向一个文件写入一个 3D 轮廓模型。

11．Morphology 算子

形态学运算(Morphology)是针对二值图像，依据数学形态学的集合论方法发展起来的图像处理方法。通常，形态学图像处理表现为一种邻域运算形式，一种特殊定义的领域称之为“结构元素”(Structure Element)，在每个像素位置，它与二值图像对应的区域进行特定的逻辑运算，逻辑运算的结果为输出图像的相应像素，形态学操作就是基于形状的一系列图像的处理操作，通过将结构元素作用于输入图像来产生输出图像。形态学运算在图像处理方面有广泛的应用，为此 Halcon 也提供了 Morphology 算子。

1) Gray-Values

(1) dual_rank 打开、取中值和关闭圆和矩形掩码。

(2) gen_disc_se 为灰度形态学生成椭圆结构基础。

(3) gray_bothat 执行一个图像的一个灰度值 bottom_hat 变换。

(4) gray_closing 关闭一个图像的一个灰度值。

(5) gray_closing_rect 关闭带矩形掩码的灰度值。

(6) gray_cl_osing_shape 关闭带选择掩码的灰度值。

(7) gray_dilation 扩大一个图像上的灰度值。

(8) gray_dilation_rect 确定一个矩形的最小灰度值。

(9) gray_dilation_shape 确定一个选择的掩码的最大灰度值。

(10) gray_erosion 腐蚀一个图像的灰度值。

(11) gray_erosion_rect 确定一个矩形的最小灰度值。

(12) gray_erosion_shape 确定一个选择的掩码的最小灰度值。

(13) gray_opening 打开一个图像的灰度值。

(14) gray_opening_rect 打开一个矩形掩码的灰度值。

(15) gray_openin_g_shape 打开一个选择掩码的灰度值。

(16) gray_range_rect 确定一个矩形的灰度值范围。

(17) gray_tophat 执行一个图像的一个灰度值 top_hat 变换。

(18) read_gray_se 为灰度形态学下载一个结构基础。

2) Region

(1) bottom_hat 计算区域的 bottom_hat(原图像和它的闭之间的差)。
(2) boundary 把一个区域减小到它的边界。
(3) closing 关闭一个区域。
(4) closing_circle 关闭一个圆形结构基础的一个区域。
(5) closing_golay 关闭格雷字母表中的元素的一个区域。
(6) closing_rectangle1 关闭一个矩形结构基础的一个区域。
(7) dilation1 扩大一个区域。
(8) dilation2 扩大一个区域(使用一个参考点)。
(9) dilation_circle 扩大一个圆形结构基础的一个区域。
(10) dilation_golay 扩大格雷字母表的元素的一个区域。
(11) dilation_rectangle1 扩大一个矩形结构基础的一个区域。
(12) dilation_seq 顺序地扩大一个区域。
(13) erosion1 腐蚀一个区域。
(14) erosion2 腐蚀一个区域(使用参考点)。
(15) erosion_circle 腐蚀一个圆形结构基础的一个区域。
(16) erosion_golay 腐蚀格雷字母表的一个元素的一个区域。
(17) erosion_rectangle1 腐蚀一个矩形结构基础的一个区域。
(18) erosion_seq 按顺序腐蚀一个区域。
(19) fitting 执行多重结构基础的打开后关闭。
(20) gen_struct_elements 生成一个标准结构基础。
(21) golay_elements 生成格雷字母表的结构基础。
(22) hit_or_miss 区域的 Hit-or-miss 运行。
(23) hit_or_miss_golay 使用格雷字母表的区域的 Hit-or-miss 运行。
(24) hit_or_miss_seq 使用格雷字母表的区域的 Hit-or-miss 运行(按顺序)。
(25) minkowski_add1 执行一个区域的 Minkowski 添加。
(26) minkowski_add2 扩大一个区域(使用参考点)。
(27) minkowski_sub1 腐蚀一个区域。
(28) minkowski_sub2 腐蚀一个区域(使用参考点)。
(29) morph_hat 计算 bottom_hat_和 top_hat 的联合。
(30) morph_skeleton 计算一个区域的形态学框架。
(31) morph_skiz 缩小一个区域。
(32) opening 打开一个区域。
(33) opening_circle 打开一个圆形结构基础的一个区域。
(34) opening_golay 打开格雷字母表的一个元素的一个区域。
(35) opening_rectangle1 打开一个矩形结构基础的一个区域。

(36) opening_seg 分离重叠区域。

(37) pruning 去掉一个区域的分支。

(38) thickening 把一个 Hit-or-miss 运行的结果添加到一个区域中。

(39) thickening_golay 把一个 Hit-or-miss 运行的结果添加到一个区域中(使用一个 Golay 结构基础)。

(40) thickening_seq 把一个 Hit-or-miss 运行的结果添加到一个区域中(按顺序)。

(41) thinning 从一个区域移去一个 Hit-or-miss 运行的结果。

(42) thinning_golay 从一个区域移去一个 Hit-or-miss 运行的结果(使用一个 Golay 结构基础)。

(43) thinning_seq 从一个区域移去一个 Hit-or-miss 运行的结果(按顺序)。

(44) top_hat 计算区域的 top_hat。

12．光字符识别算子 OCR

光学字符识别(Optical Character Recongnition，OCR)是指用电子的方式从图片中取出文字，用于文档编辑、自由文本搜索、文本比对等领域中。Halcon 为光学字符识别提供了 OCR 算子。

1) Hyperboxes

(1) close all ocrs 删除所有光字符，释放存储空间，但会丢失所有的测试数据。

(2) close ocr 重新分配拥有 OcrHandle 数目的分级器的存储，但所有相应的数据会丢失，不过这些数据可由 write ocr 事先保存。

(3) create ocr class box 创建新的 OCR 分级器。

(4) do ocr multi 给每一个 Character(字符)分配一个类。

(5) do ocr single 给一些 Character(字符)分配一些类。

(6) info ocr class box 反馈 OCR 的有关信息。

(7) ocr change char 为字符建立新的查阅表。

(8) ocr get features 计算给定 Character(字符)的特征参数。

(9) read ocr 从文件的 FileName(文件名)读取 OCR 分级器。

(10) testd ocr class box 测试给定类中字符的置信度。

(11) traind ocr class box 通过一幅图像的特定区域直接测试分级器。

(12) trainf ocr class box 根据指定测试文件测试分级器的 OCRHandle。

(13) write ocr 将 OCR 分级器的 OCRHandle 写入文件的 FileName(文件名)。

2) Lexica

(1) clear_all_lexica 清除所有的词汇(词典)，释放它们的资源。

(2) clear lexicon 清除一个词汇(词典)，释放相应的资源。

(3) create lexicon 根据一些 Words(单词)的数组创建一个新的词汇(词典)。

(4) Import lexicon 通过 FileName(文件名)选定的文件中的一系列单词创建一个新的词典。

(5) inspect lexicon 返回 Words 参数的词典中所有单词的数组。

(6) lookup lexicon 检查 Word(单词)是否在词典的 LexiconHandle 中，若在返回 1，否则返回 0。

(7) suggest lexicon 将 Word(单词)与词典中所有词汇相比较，计算出将 Word 从词典中导入单词中所需的编辑操作符 NUMcorrections。

3) Neural-Nets

(1) clear all ocr class mlp 清除所有的 create ocr class mlp 创建的 OCR 分级器，释放分级器占据的存储空间。

(2) clear ocr class mlp 清除所有的由 OCRHandle 给定的且由 create ocr class mlp 创建的 OCR 分级器，释放所有的分级器占据的存储空间。

(3) create ocr class mlp 利用 MLP(多层感知器)创建一个新的 OCR 分级器。

(4) do ocr multi class mlp 为根据给定区域字符和 OCR 分级器 OCRHandle 的灰度图像值而将给定的每个字符计算出最好的类，将类返回到 Class 中，且将类的置信度返回到 Confidence 中。

(5) do ocr single class mlp 为根据给定区域字符和 OCR 分级器 OCRHandle 的灰度图像值而将给定的字符计算出最好的 Num 类，将类返回到 Class 中，且将类的置信度返回到 Confidence 中。

(6) do ocr word mlp 功能与 do ocr multi class mlp 相同，只是 do ocr word mlp 将字符组作为一个实体。

(7) get_features_ocr_class_mlp 为根据 OCR 分级器 OCRHandle 确定的字符计算其特征参数，并将它们返回到 Features。

(8) get params ocr class mlp 返回一个 OCR 分级器的参数只有当分级器由 do ocr multi classmlp 创建时。

(9) get prep info ocr class mlp 计算 OCR 分级器预设定矢量特性的信息。

(10) read ocr class mlp 从一个文件中读取 OCR 分级器。

(11) trainf ocr class mlp，根据存储在 OCR 文件中的测试特性，测试 OCR 分级器的 OCRHandle。

(12) write ocr class mlp 将 OCR 分级器的 OCRHandle 写入由文件名确定的文件中。

4) Support-Vector-Machines

(1) clear_all ocr class svm 清除所有的基于 OCR 分级器的 SVM，释放相应的存储空间。

(2) clear ocr class svm 清除基于 OCR 分级器的一个 SVM，释放相应的存储空间。

(3) create ocr class svm 利用支持向量机创建一个 OCR 分级器。

(4) do ocr multi class svm 根据基于 OCR 分级器的 SVM 将大量字符分类。

(5) do ocr single class svm 根据基于 OCR 分级器的 SVM 将单个字符分类。

(6) do ocr word svm 利用 OCR 分级器将一系列相关字符分类。

(7) get features ocr class svm 计算一个字符的特征。

(8) get params ocr class svm 返回一个 OCR 分级器的参数。

(9) get prep info ocr class svm 计算基于 OCR 分级器的 SVM 的预定义特征矢量的信息内容。

(10) get support vector num ocr class svm 返回 OCR 分级器支持的矢量的数目。

(11) get support vector ocr class svm 返回基于支持向量机的已测试 OCR 分级器中支持向量的索引。

(12) read ocr class svm 从文件中读取基于 OCR 分级器的 SVM。

(13) reduce ocr class svm 根据一个减小的 SVM 来接近一个基于 OCR 分级器的 SVM。

(14) Trainf ocr class svm 测试一个 OCR 分级器。

(15) write ocr class svm 将一个 OCR 分级器写入文件。

5) Tools

(1) Segment characters 将一副图像给定区域的字符分割。

(2) select characters 从一个给定区域中选择字符。

(3) text line orientation 决定一个文本行或段落的定向(定位)。

(4) text_line slant 决定一个文本行或段落的字符的倾斜。

6) Training-Files

(1) append ocr trainf 将字符添加到一个测试文件中。

(2) concat ocr trainf 合并测试文件。

(3) read_ocr trainf 从文件中读取字符，将其转换到图像中。

(4) read ocr trainf names 查询哪些字符存储在测试文件中。

(5) read ocr trainf_select 从文件中读取测试特定字符，将其转换到图像中。

(6) write ocr trainf 将已测试的字符存储到文件中。

(7) write ocr trainf image 将字符写入正在测试的文件中。

13. 对象算子 Object

对象(Object)是面向对象程序设计的基本单元。Halcon 提供了对象算子。

1) Information

(1) count_obj 统计一个数组中的对象。

(2) get_channel_info 一幅目标图像组成部分的信息。

(3) get_obj_class 一副目标图像类的名称。

(4) test_equal_obj 比较目标图像的平等性。

(5) test_obj_def 测试目标是否被删除。

2) Manipulation

(1) clear_obj 将一个对象的图标从 Halcon 数据库中删除。

(2) concat_obj 连接两个目标数组的图标。

(3) copy_obj 复制一个 Halcon 数据库中对象的图标。

(4) gen_empty_obj 创建一个空的目标数组。

(5) integer_to_obj 将一个整型数转换为一个图标。

(6) obj_to_integer 将一个图标转换为一个整型数。

(7) select_obj 从一个目标数组中选择目标。

14. 区域算子 Regions

区域(Region)是某种具有结构体性质的二值图，在图像处理中有较多的应用。Halcon提供了区域的访问、创建、特征提取等算子。

1) Access

(1) get_region_chain 一个对象的轮廓作为链式码。

(2) get_region_contour 查询一个目标的轮廓。

(3) get_region_convex 查询突起的外表作为轮廓。

(4) get_region_points 查询一个区域的像素数。

(5) get_region_polygon 用一个多边形近似获取区域。

(6) get_region_runs 查询一个区域的扫描宽度编码。

2) Creation

(1) gen_checker_region 创建一个方格式区域。

(2) gen_circle 创建一个圆周。

(3) gen_ellipse 创建一个椭圆。

(4) gen_empty_region 创建一个空的区域。

(5) gen_grid_region 根据行或像素数创建一个区域。

(6) gen_random_region 创建一个随机区域。

(7) gen_random_regions 创建随机区域如圆周、矩形和椭圆。

(8) gen_rectangle1 创建一个与坐标轴平行的矩形。

(9) gen_rectangle2 创建任意方向的矩形。

(10) gen_region_contour_xld 从 XLD 数组中创建一个区域。

(11) gen_region_histo 将一个直方图转换为一个区域。

(12) gen_region_hline 将 Hesse 正规形状中描述的输入线存储为区域。

(13) gen_region_line 将输入线以区域形式存储。

(14) gen_region_points 将个别的像素存储为图像区域。

(15) gen_region_polygon 将一个多边形存储为一个目标图像。

(16) gen_region_polygon_filled 将一个多边形存储为一个已填充区域。

(17) gen_region_polygon_xld 创建一个 XLD 多边形中的区域。

(18) gen_region_runs 创建一个扫描宽度编码中的图像区域。

(19) label_to_region 提取一幅图像中灰度值相同的区域。

3) Features

(1) area center 一个区域的面积(大小)和中心。

(2) circularity 影响一个区域与圆的相似度的形状系数。

(3) compactness 影响一个区域致密度的形状系数。

(4) connect and_holes 连接部分和中断的数目。

(5) contlength 描述一个区域轮廓的长度。

(6) convexity 影响一个区域凸性的形状系数。

(7) diameter region 一个区域两个边界点的最大距离。
(8) eccentricity 来源于椭圆参数的形状系数。
(9) elliptic axis 相似椭圆的参数。
(10) euler number 计算 Euler 数目。
(11) find neighbors 搜寻直接邻域。
(12) get region_index 包括给定像素在内的所有的区域的索引。
(13) get region_thickness 查询主轴附近区域的宽度(厚度)。
(14) hamming distance 两个区域间的汉明距离。
(15) hamming_distance_norm 两个区域间的归一化汉明距离。
(16) inner circle 一个区域内部最大的圆周。
(17) inner_rectangle1 一个区域内部最大的矩形。
(18) moments_region_2nd 区域的某时刻几何特性。
(19) moments_region_2nd invar 区域的某时刻几何特性。
(20) moments_region_2nd rel_invar 计算相关时刻参数。
(21) moments_region 3rd 区域的某时刻几何特性。
(22) moments_region_3rd invar 区域的某时刻几何特性。
(23) moments_region_central 区域的某时刻几何特性。
(24) moments_region_central_invar 区域的某时刻几何特性。
(25) orientation_region 一个区域的定向。
(26) rectangularity 影响一个区域矩形相似度的形状系数。
(27) roundness 轮廓中获取的形状系数。
(28) runlength_distribution 一个区域扫描宽度编码所需的顺串的分配。
(29) runlength_features 区域扫描宽度编码的特征值。
(30) select_region_point 选择包括给定像素在内的所有区域。
(31) select_region_spatial 讨论区域的关联性。
(32) select_shape 根据图形特征选择区域。
(33) select_shape_proto 选择彼此有某种关系的区域。
(34) select_shape_std 选择给定形状的区域。
(35) smallest_circle 一个区域的最小周长。
(36) smallest_rectangle1 平行于坐标轴的包围某区域的矩形。
(37) smallest_rectangle2 任意方向包围某区域的最小矩形。
(38) spatial_relation 根据坐标轴方向左、右、上、下排列相关区域。

4) Geometric-Transformations
(1) affine_trans_region 对区域进行任意的二维变换。
(2) mirror_region 反馈一个平行于 X 或 Y 坐标轴的区域。
(3) move_region 对区域进行变换。
(4) polar_trans_region 将一个环状弧内的区域转换为极坐标。

(5) polar_trans_region_inv 将极坐标中的区域转换为笛卡尔坐标中的区域。
(6) projective_trans_region 对一个区域进行射影变换。
(7) transpose_region 翻译关于一个点的一个区域。
(8) zoom_region 缩放一个区域。

5) Sets

(1) complement 返回一个区域的补码。
(2) difference 计算两个区域的差距(不同)。
(3) intersection 计算两个区域的交集。
(4) symm_difference 计算两个区域对称差异。
(5) union1 返回所有输入区域的并集。
(6) union2 返回两个区域的并集。

6) Tests

(1) test_equal_region 检测两个目标区域是否相同。
(2) test_subset_region 检测一个区域是否包含在另一个区域中。

7) Transformation

(1) background_seg 决定给定区域背景相连的部分。
(2) clip_region 将一个区域修改为矩形。
(3) clip_region rel 根据大小修改一个区域。
(4) connection 计算一个区域相连接的部分。
(5) distance transform 计算一个区域的距离变换。
(6) eliminate runs 消除一个给定宽度的顺串。
(7) expand region 填充区域间的间隙或分离互相重叠的区域。
(8) fill up 填充区域中的中断(裂缝等)。
(9) fill_up_shape 填充拥有给定图形特征区域的中断。
(10) hamming_change_region 创建一个有给定汉明距离的区域。
(11) interjacent 利用给定区域分割图像。
(12) junctions_skeleton 找到框架中的结点和终点。
(13) merge_regions_line_scan 从行扫描图像合并区域。
(14) partition dynamic 在较小垂直范围的位置水平分割一个区域。
(15) partition_dynamic 将一个区域分割为等大的矩形。
(16) rank_region 给对区域的操作归类。
(17) remove noise region 去除一个区域内的噪声。
(18) shape_trans 改变一个区域的形状。
(19) skeleton 计算一个区域的框架。
(20) sort region 根据相邻位置归类区域。
(21) split_skeleton_lines 用一个像素宽，没有分支的线来分离线。
(22) split_skeleton_region 用一个像素宽，没有分支的区域来分离线。

15．分割算子 Segmentation

图像分割(Segmentation)就是把图像分成若干个特定的、具有独特性质的区域并提取感兴趣目标的技术和过程，是由图像处理到图像分析的关键步骤。Halcon 提供了基于分类分割的方法、基于阈值的分割方法、基于区域的分割方法、基于边缘的分割方法以及基于特定理论的分割方法等。

1) Classification

(1) add_samples_image_class_gmm 将从图像中获取的测试样本添加到高斯混合模型的测试数据库中。

(2) add_samples_image_class_mlp 将从图像中获取的测试样本添加到多层视感控器的测试数据库中。

(3) add_samples_image_class_svm 将从图像中获取的测试样本添加到一个支持向量机的测试数据库中。

(4) class_2dim_sup 采用二维空间像素分类分割图像。

(5) class_2dim_unsup 将两幅图像以聚类分割。

(6) class_ndim_box 利用立方体将像素分类。

(7) class_ndim_norm 利用球体或立方体将像素分类。

(8) classify_image_class_gmm 根据高斯混合模式分类图像。

(9) classify_image_class_mlp 根据多层视感控器分类图像。

(10) classify_image_class_svm 根据支持向量机分类图像。

(11) learn_ndim_box 利用多通道图像测试一个分级器。

(12) learn_ndim_norm 为 class_ndim_norm 构建类。

2) Edges

(1) detect_edge_segments 检测直线边缘分割。

(2) hysteresis_threshold 对一幅图像采取磁滞门限操作。

(3) nonmax_suppression_amp 抑制一幅图像上的非最大值点。

(4) nonmax_suppression_dir 利用指定图像抑制一幅图像上的非最大值点。

3) Regiongrowing

(1) expand_gray 依据灰度值或颜色填充两个区域的间隙或分割重叠区域。

(2) expand_gray_ref 依据灰度值或颜色填充两个区域的间隙或分割重叠区域。

(3) expand_line 从给定线开始扩充区域。

(4) regiongrowing 利用区域增长分割图像。

(5) regiongrowing_mean 利用平均灰度值执行区域增长。

(6) regiongrowing_n 利用区域增长为多通道图像分割图像。

4) Threshold

(1) auto_threshold 根据直方图决定的阈值分割图像。

(2) bin_threshold 根据自动产生的阈值分割图像。

(3) char_threshold 为提取的字符产生一个分割阈值。

(4) check_difference 一个像素一个像素地比较两幅图像。
(5) dual_threshold 对标记的图像做门限操作。
(6) dyn_threshold 利用局域阈值分割图像。
(7) fast_threshold 利用全局阈值快速将图像二值化。
(8) histo_to_thresh 根据直方图决定灰度值门限。
(9) threshold 利用全局阈值分割图像。
(10) threshold_sub_pix 根据子像素的准确性从一副图像中提取水平(平坦)交叉口。
(11) var_threshold 根据局域平均标准偏差分析将图像二值化。
(12) zero_crossing 从一幅图像中提取零相交。
(13) zero_crossing_sub_pix 根据子像素准确性从一幅图像中提取零相交。

5) Topography

(1) critical_points_sub_pix 一幅图像中主要点的子像素精确度检测。
(2) local_max 检测一幅图像中所有的最大数。
(3) local_max_sub_pix 一幅图像中局域最大数的子像素精确度检测。
(4) local_min 检测一幅图像中所有的最小数。
(5) local_min_sub_pix 一幅图像中局域最小数的子像素精确度检测。
(6) lowlands 检测凹地所有灰度值。
(7) lowlands_center 检测凹地所有灰度值的中心。
(8) plateaus 检测所有平稳状态灰度值。
(9) plateaus_center 检测所有平稳状态灰度值的中心。
(10) pouring 根据大于“pouring water”分割图像。
(11) saddle_points_sub_pix 一幅图像中底部点的子像素精确度检测。
(12) watersheds 从一副图像中提取分界线和“盆地”。
(13) watersheds _threshold 利用阀值从一幅图像中提取“分水岭盆地”。

16. 系统算子 System

Halcon 提供了获取系统信息或系统操作的系统算子(System)。

1) Database

(1) count_relation 在 Halcon 数据库中实体的数目。
(2) get_modules 查询已使用模块和模块关键码。
(3) reset_obj_db Halcon 系统的初始化。

2) Error-Handling

(1) get_check Halcon 控制模式的说明。
(2) get_error_text 查询 Halcon 错误测试后错误数目。
(3) get_spy Halcon 调试工具当前配置。
(4) query_spy 查询 Halcon 调试工具可能的设置。
(5) set_check 激活和钝化 Halcon 控制模式。
(6) set_spy Halcon 调试工具的控制。

3) Information

(1) get_chapter_info　获取程序有关章节的信息。

(2) get_keywords　获取指定给程序的关键字。

(3) get_operator_info　获取关于 Halcon 程序的信息。

(4) get_operator_name　获取由给定字符串作为它们的名字的程序。

(5) get_param_info　获取关于程序参数的信息。

(6) get_param_names　获取一个 Halcon 程序参数的名字。

(7) get_param_num　获取一个 Halcon 程序不同参数类的数目。

(8) get_param_types　获取一个 Halcon 程序控制参数的缺省数据类型。

(9) query_operator_info　联合操作 get_operator_info 查询空档相关信息。

(10) query_param_info　查询关于操作 get_param_info 的空档的在线信息。

(11) search _operator　寻找一个关键字所有进程的名字。

4) Operating-System

(1) count_seconds　衡量时间。

(2) system_call　执行系统请求。

(3) wait_seconds　延迟操作的执行。

5) Parallelization

(1) check_par_hw_potential　检测硬件进行并行处理的潜力。

(2) load_par_knowledge　从文件中导入自动平行化信息。

(3) store_par_knowledge　在文件中存储关于自动平行化的信息。

6) Parameters

(1) get_system　根据 Halcon 系统参数获取关于当前的信息。

(2) set_system　Halcon 系统参数的设置。

7) Serial

(1) clear_serial　清除一个串行连接的缓冲。

(2) close_all_serials　关闭所有的串行设备。

(3) close_serial　关闭一个串行设备。

(4) get_serial_param　获取一个串行设备的参数。

(5) open_serial　打开一个串行设备。

(6) read_serial　读取一个串行设备。

(7) set_serial_param　设置一个串行设备的参数。

(8) write_serial　写入一个串行设备。

8) Sockets

(1) close_socket　关闭一个插口(接口)。

(2) get_next_socket_data_type　决定下一个插口(接口)数据的 Halcon 数据类型。

(3) get_socket_timeout　获取一个插口(接口)的超时。

(4) open_socket_accept　打开一个接受连接请求的插口(接口)。

(5) open_socket_connect　打开一个插口到一个已存在的插口。

(6) receive_image　通过插口连接接收一副图像。

(7) receive_region　通过插口连接接收区域。

(8) receive_tuple　通过插口连接接收一个数组。

(9) receive_xld　通过插口连接接收一个 XLD 对象。

(10) send_image　通过插口连接发送一副图像。

(11) send_region　通过插口连接发送区域。

(12) send_tuple　通过插口连接发送一个数组。

(13) send_xld　通过插口连接发送一个 XLD 对象。

(14) set_socket_timeout　设置一个插口的超时。

(15) socket_accept_connect　接受一个监听插口的连接请求。

17. 工具算子 Tools

Halcon 提供了大量图像、视觉处理的基本运算工具(Tools)，方便了机器视觉处理。

1) 2D-Transformations

(1) affine_trans_pixel　对像素坐标轴进行任意的仿射二维变换。

(2) affine_trans_point_2d　对点进行任意的最简二维变换。

(3) bundle_adjust_mosaic　对一幅图像的嵌合体采取一系列调整。

(4) hom_mat2d_compose　将两种相同类型二维变换矩阵相乘。

(5) hom_mat2d_determinant　计算一个同质的二维变换矩阵的行列式。

(6) hom_mat2d_identity　构建二维变换同样的同质变换矩阵。

(7) hom_mat2d_invert　插入一个同质二维变换矩阵。

(8) hom_mat2d_rotate　为一个同质二维变换矩阵添加一个循环。

(9) hom_mat2d_rotate_local　为一个同质二维变换矩阵添加一个循环。

(10) hom_mat2d_scale　为一个同质二维变换矩阵添加一个缩放。

(11) hom_mat2d_scale_local　为一个同质二维变换矩阵添加一个缩放。

(12) hom_mat2d_slant　为一个同质二维变换矩阵添加一个斜面。

(13) hom_mat2d_slant_local　为一个同质二维变换矩阵添加一个斜面。

(14) hom_mat2d_to_affine_par　计算来自一个同质二维变换矩阵的仿射变换参数。

(15) hom_mat2d_translate　为一个同质二维变换矩阵添加一个旋转。

(16) hom_mat2d_translate_local　为一个同质二维变换矩阵添加一个旋转。

(17) hom_mat2d_transpose　将一个同质二维变换矩阵转置。

(18) hom_mat3d_project　给一个二维投影变换矩阵投影一个仿射三维变换矩阵。

(19) hom_vector_to_proj_hom_mat2d　根据给定点的映射计算一个同质变换矩阵。

(20) proj_match_points_ransack　通过找到两副图像中点与点之间的映射计算一个投影变换矩阵。

(21) projective_trans_pixel　利用一个同质投影变换矩阵表示像素坐标轴。

(22) projective_trans_point_2d　利用一个投影变换矩阵表示一个同质二维点。

(23) vector_angle_to_rigid　从点和角度方面计算一个严格的仿射变换。

(24) vector_field_to_hom_mat2d　根据位移矢量字段获取一个最接近的近似图。
(25) vector_to_hom_mat2d　根据点与点间的映射获取一个最接近的近似图。
(26) vector_to_proj_hom_mat2d　利用给定点的映射计算一个映射变换矩阵。
(27) vector _to_rigid　根据点的映射获取一个近似严格的仿射变换。
(28) vector_to_similarity　根据点的映射获取一个近似的相似变换。

2) 3D-Transformations

(1) affine_trans_point_3d　对点运用一个随即仿射三维变换。
(2) convert_pose_type　改变一个三维模式的表示类型。
(3) create_pose　创建一个三维模式。
(4) get_pose_type　获取一个三维模式的表示类型。
(5) hom_mat3d_compose　将两个同质三维变换矩阵相乘。
(6) hom_mat3d_identity　构建三维变换同样的同质变换矩阵。
(7) hom_mat3d_invert　插入一个同质三维变换矩阵。
(8) hom_mat3d_rotate　为一个同质三维变换矩阵添加一个循环。
(9) hom_mat3d_rotate_local　为一个同质三维变换矩阵添加一个循环。
(10) hom_mat3d_scale　为一个同质三维变换矩阵添加一个缩放。
(11) hom_mat3d_scale_local　为一个同质三维变换矩阵添加一个缩放。
(12) hom_mat3d_to_pose　将一个同质变换矩阵转换为一个三维模式。
(13) hom_mat3d_translate　为一个同质三维变换矩阵添加一个旋转。
(14) hom_mat3d_translate_local　为一个同质三维变换矩阵添加一个旋转。
(15) pose_to_hom_mat3d　将一个三维模式转换为一个同质变换矩阵。
(16) read_pose　从一个文本文件中读取一个三维模式。
(17) set_origin_pose　转换一个三维模式的原点。
(18) write_pose　将一个三维模式写入一个文本文件。

3) Background-Estimator

(1) close_all_bg_esti　清除所有的背景评估数据集。
(2) close_bg_esti　清除背景评估数据集。
(3) create_bg_esti　为背景评估创建和初始化一个数据集。
(4) get_bg_esti_params　返回数据集的参数。
(5) give_bg_esti　返回评估背景图像。
(6) run_bg_esti　评估背景并返回前景区域。
(7) set_bg_esti_params　改变数据集的参数。
(8) update_bg_esti　改变评估背景图像。

4) Barcode

(1) clear_all_bar_code_models　清除所有条形码模型，释放其分配的存储空间。
(2) clear_bar_code_model　清除一个条形码模型，释放相应的存储空间。
(3) create_bar_code_model　创建一个条形码阅读器模型。
(4) find_bar_code　检测和读取一幅图像中条形码符号。

(5) get_bar_code_object 访问创建在搜寻或条形码符号解码过程中的对象图标。

(6) get_bar_code_param 获取一个或多个描述条形码模式的参数。

(7) get_bar_code_result 获取字母数字混合编码的结果，其是在条形码符号解码过程中累计的。

(8) set_bar_code_param 设置条形码模型的选定参数。

5) Calibration

(1) caltab_points 从校准板说明文件中读取标志中心点。

(2) cam_mat_to_cam_par 计算从一个相机矩阵获取的内部相机参数。

(3) cam_par_to_cam_mat 从相机内部参数计算一个相机矩阵。

(4) camera_calibration 决定同时发生的最小化程序的所有相机参数。

(5) change_radial_distortion_cam_par 改变与特殊放射失真相一致的新的相机参数。

(6) change_radial_distortion_contours_xld 改变轮廓的放射失真。

(7) change_radial_distortion_image 改变一幅图像的放射失真。

(8) contour_to_world_plane_xld 将一个 XLD 轮廓转换为一个坐标系统，中平面 Z 为零。

(9) create_caltab 创建一个描述文件和附文件的校准板。

(10) disp_caltab 投射和视觉化图像中校准板的三维模型。

(11) find_caltab 分割和标准化图像中的校准板区域。

(12) find_marks_and_pose 从图像中提取二维校准标志和为外部计算机参数计算内部数值。

(13) gen_caltab 创建一个校准板说明文件和相应的附文件。

(14) gen_image_to_world_plane_map 创建一个投射图，其描述图像平面与坐标轴系统中平面 Z 为零之间的映射。

(15) gen_radial_distortion_map 创建一个投射图，其描述图像与其相应的正在改变的放射失真间的映射。

(16) get_circle_pose 从一个圆周相应的二维投射中决定它的三维模式。

(17) get_line_of_sight 计算相应于图像中一个点的视线。

(18) get_rectangle_pose 从一个矩形相应的二维投射中决定它的三维模式。

(19) hand_eye_calibration 执行一个手－眼校准。

(20) image_points_to_world_plane 将图像中的点转换到坐标轴平面 Z 上，Z 为零。

(21) image_to_world_plane 通过将一副图像转换为坐标轴系统的平面 Z 上而矫正图像，Z 为零。

(22) project_3d_point 将三维点投射到子像素图像坐标上。

(23) radiometric_self_calibration 执行一个相机的辐射测量的自校准。

(24) read_cam_par 从文本文件中读取内部相机参数。

(25) sim_caltab 根据校准板模拟一幅图像。

(26) stationary_camera_self_calibration 进行一个静止投射相机的自校准。

(27) write_cam_par 将内部相机参数写入文本文件中。

6) Datacode

(1) clear_all_data_code_2d_models　清除所有的二维数据模型，并释放它们分配的存储空间。

(2) clear_data_code_2d_model　清除一个二维数据模型，并释放它分配的存储空间。

(3) create_data_code_2d_model　创建一个二维数据编码类的模式。

(4) find_data_code_2d　检测和读取一副图像或测试的二维数据编码模式中的二维数据编码符号。

(5) get_data_code_2d_objects　查询搜索二维数据编码符号过程中创建的对象的图标。

(6) get_data_code_2d_param　获取一个或多个描述二维数据编码模型的参数。

(7) get_data_code_2d_results　获取字母数字混合编码的结果，其是在搜索二维数据编码符号过程中累计的。

(8) query_data_code_2d_params　用于为一个给定二维数据编码的模型获取通用参数或对象的名字，其也可用于其他的二维数据编码模型中。

(9) read_data_code_2d_model　从一个文件中读取一个二维数据编码模型，并新建一个模型。

(10) set_data_code_2d_param　设置二维数据编码模型的选定参数。

(11) write_data_code_2d_model　将一个二维数据编码模型写入一个文件。

7) Fourier-Descriptor

(1) abs_invar_fourier_coeff　根据起始点的位移标准化傅里叶系数。

(2) fourier_1dim　计算一个参数化的数组的傅里叶系数。

(3) fourier_1dim_inv　空间傅里叶变换(傅里叶逆变换)。

(4) invar_fourier_coeff　傅里叶系数标准化。

(5) match_fourier_coeff　两个数组的相似性。

(6) move_contour_orig　将原点变换到引力的中心。

(7) prep_contour_fourier　参数化传输的数组。

8) Function

(1) abs_funct_1d　Y 值的绝对值。

(2) compose_funct_1d　组合两个函数。

(3) create_funct_1d_array　从 Y 的序列中创建一个函数。

(4) create_funct_1d_pairs　从(X，Y)集合中创建一个函数。

(5) derivate_funct_1d　计算一个函数的派生物。

(6) distance_funct_1d　计算两个函数的间隔。

(7) funct_1d_to_pairs　查询一个函数的(X，Y)值。

(8) get_pair_funct_1d　根据控制点的索引查询一个函数值。

(9) get_y_value_funct_1d　返回任意位置函数的值。

(10) integrate_funct_1d　计算一个函数的正区域和负区域。

(11) invert_funct_1d　计算一个函数的反转。

(12) local_min_max_funct_1d　计算一个函数的局域最小值点和最大值点。

(13) match_funct_1d_trans 计算两个函数传递参数。

(14) negate_funct_1d 对 Y 值取非(反)。

(15) num_points_funct_1d 函数控制点的数目。

(16) read_funct_1d 从文件中读取一个函数。

(17) sample_funct_1d 再间隔区等距取样。

(18) scale_y_funct_1d 将 Y 值相乘和相加。

(19) smooth_funct_1d_gauss 采用高斯函数平滑一个等距一维函数。

(20) smooth_funct_1d_mean 采用平均值将一个等距一维函数平滑化。

(21) transform_funct_1d 根据给定传递参数变换一个函数。

(22) write_funct_1d 将一个函数写入一个文件。

(23) x_range_funct_1d 函数的最小和最大 X 值。

(24) y_range_funct_1d 函数的最小和最大 Y 值。

(25) zero_crossings_funct_1d 计算一个函数的零点。

9) Geometry

(1) angle_ll 计算两条线的夹角。

(2) angle_lx 计算一条线与垂直轴之间的角度。

(3) distance_cc 计算两个轮廓间的距离。

(4) distance_cc_min 计算两个轮廓间的最小距离。

(5) distance_lc 计算一条线和一个轮廓间的距离。

(6) distance_lr 计算一条线和一个区域间的距离。

(7) distance_pc 计算一个点和一个轮廓间的距离。

(8) distance_pl 计算一个点和一条线间的距离。

(9) distance_pp 计算两个点之间的距离。

(10) distance_pr 计算一个点和一个区域间的距离。

(11) distance_ps 计算一个点和一条分割线间的距离。

(12) distance_rr_min 两个相邻区域的相同像素间的最小距离。

(13) distance_rr_min_dil 膨胀时两个区域间的最小距离。

(14) distance_sc 计算一条分割线和一个轮廓间的距离。

(15) distance_sl 计算一条分割线和一条线间的距离。

(16) distance_sr 计算一条分割线和一个区域间的距离。

(17) distance_ss 计算两条分割线间的距离。

(18) get_points_ellipse 计算椭圆上特定角度的一个点。

(19) intersection_ll 计算两条线的交集点(相交点)。

(20) projection_pl 计算一条线上一个点的投影。

10) Grid-Rectification

(1) connect_grid_points 建立矫正网格的矫正点间的连接。

(2) create_rectification_grid 建立一个附文件，描述矫正网格。

(3) find_rectification_grid 分割图像中矫正网格区域。

(4) gen_arbitrary_distortion_map　产生一个投射图，其描述随意扭曲图像与正确图像间的映射。

(5) gen_grid_rectification_map　计算扭曲图像与基于规律的网格的正确图像的映射。

11) Hough

(1) hough_circle_trans　返回指定半径的圆周的 Hough 变换。

(2) hough_circles　特定半径的圆周的中心。

(3) hough_line_trans　对区域中的线进行 Hough 变换。

(4) hough_line_trans_dir　利用局部方向梯度对线进行 Hough 变换。

(5) hough_lines　借助 Hough 变化查询图像中的线，并将其返回到 HNF 中。

(6) hough_lines_dir　借助采用局部方向梯度的 Hough 变换查询图像中的线，并将它们以正常形式返回。

(7) select_matching_lines　选取 HNF 中线的集合中匹配区域最好的线。

12) Image-Comparison

(1) clear_all_variation_models　释放所有变化模型(variation model)的存储空间。

(2) clear_train_data_variation_model　释放变化模型(variation model)的测试数据的存储空间。

(3) clear_variation_model　释放一个变化模型(variation model)的存储空间。

(4) compare_ext_variation_model　将一副图像与一个变化模型(variation model)相比较。

(5) compare_variation_model　将一副图像与一个变化模型(variation model)相比较。

(6) create_variation_model　为图像对比创建一个变化模型。

(7) get_thresh_images_variation_model　返回阈值图像用于图像对比。

(8) get_variation_model　返回图像用于图像对比。

(9) prepare_direct_variation_model　为图像对比准备一个变化模型。

(10) prepare_variation_model　为图像对比准备一个变化模型。

(11) read_variation_model　从一个文件中读取一个变化模型。

(12) train_variation_model　测试一个变化模型。

(13) write_variation_model　将一个变化模型写入文件。

13) Kalman-Filter

(1) filter_kalman　借助 Kalman(卡尔曼)滤波器估测系统的当前状态。

(2) read_kalman　读取一个卡尔曼滤波器的说明文件。

(3) sensor_kalman　卡尔曼滤波器测量值的交互式输入。

(4) update_kalman　读取一个卡尔曼滤波器的更新文件。

14) Measure

(1) close_all_measures　清除所有测试对象。

(2) close_measure　清除一个测试对象。

(3) fuzzy_measure_pairing　提取与矩形或环状弧垂直的直线边缘。

(4) fuzzy_measure_pairs　提取与矩形或环状弧垂直的直线边缘。

(5) fuzzy_measure_pos 提取与矩形或环状弧垂直的直线边缘。
(6) gen_measure_arc 垂直与环状弧的直线边缘的提取。
(7) gen_measure_rectangle2 垂直与矩形的直线边缘的提取。
(8) measure_pairs 提取与矩形或环状弧垂直的直线边缘。
(9) measure_pos 提取与矩形或环状弧垂直的直线边缘。
(10) measure_projection 提取垂直于一个矩形或环状弧的灰度值轮廓。
(11) measure_thresh 提取沿着一个矩形或环状弧，特殊灰度值的点。
(12) reset_fuzzy_measure 重置一个模糊元函数。
(13) set_fuzzy_measure 指定一个模糊元函数。
(14) set_fuzzy_measure_norm_pair 为边缘匹配指定一个规范化模糊元函数。
(15) translate_measure 转化(解释)一个测试对象。

15) OCV(Open Circuit Voltage | 光学字符校验)
(1) close_all_ocvs 关闭所有 OCV 工具。
(2) close_ocv 关闭一个 OCV 工具。
(3) create_ocv_proj 创建一个基于灰度值突出的新的 OCV 工具。
(4) do_ocv_simple 利用一个 OCV 工具查证一个模式。
(5) read_ocv 从文件中读取一个 OCV 工具。
(6) traind_ocv_proj 测试一个 OCV 工具。
(7) write_ocv 将一个 OCV 工具保存到文件。

16) Shape-from
(1) depth_from_focus 利用多倍聚焦灰度级提取高度(厚度)。
(2) estimate_al_am 估测一个平面的反射率和反射光的数目。
(3) estimate_sl_al_lr 估测一个光源的倾斜度和一个平面的反射率。
(4) estimate_sl_al_zc 估测一个光源的倾斜度和一个平面的反射率。
(5) estimate_tilt_lr 估测一个光源的倾斜度。
(6) estimate_tilt_zc 估测一个光源的倾斜度。
(7) phot_stereo 根据至少三个灰度值的图像来重建一个平面。
(8) select_grayvalues_from_channels 利用索引图像选择一个多通道图像的灰度值。
(9) sfs_mod_lr 从一个灰度值图像重建一个平面。
(10) sfs_orig_lr 从一个灰度值图像重建一个平面。
(11) sfs_pentland 从一个灰度值图像重建一个平面。
(12) shade_height_field 遮蔽一个突起的字段。

17) Stereo
(1) binocular_calibration 决定一个双目视觉立体系统的所有相机参数。
(2) binocular_disparity 计算一个矫正图像对的不均衡。
(3) binocular_distance 计算一个矫正立体图像对的间隔值。
(4) disparity_to_distance 将不均衡值转换为矫正双目视觉立体系统中的间隔值。
(5) disparity_to_point_3d 将一个图像点和它的不均衡值转换为一个矫正立体系统中

的三维点。

(6) distance_to_disparity 将一个间隔值转换为一个矫正立体系统中的一个不均衡值。

(7) essential_to_fundamental_matrix 计算一个从原始矩阵衍生而来的基本矩阵。

(8) gen_binocular_proj_rectification 计算弱双目视觉立体系统图像的投射矫正值。

(9) gen_binocular_rectification_map 创建传输图，其描述从一个双目相机到一个普通的矫正图像面的图像的映射。

(10) gen_binocular_rectification_map 从一个双目相机系统视觉中两条线的交点中获取一个三维点。

(11) match_essential_matrix_ransack 通过自动发掘图像点间对应关系来计算立体图像对的原始(本质)矩阵。

(12) match_fundamental_matrix_ransack 通过自动发掘图像点间对应关系来计算立体图像对的基本矩阵。

(13) match_rel_pose_ransack 通过自动发掘图像点间对应关系来计算两个相机间的相对方位。

(14) reconst3d_from_fundamental_matrix 计算基于基本矩阵的点的投影的三维重建。

(15) rel_pose_to_fundamental_matrix 计算两个相机相关方向中获取的基本矩阵。

(16) vector_to_essential_matrix 计算给定图像点间映射和已知相机矩阵的原始矩阵，重建三维点。

(17) vector_to_fundamental_matrix 计算给定图像点间映射的集合的基本矩阵，重建三维点。

(18) vector _to_fundamental_matrix 计算给定图像点间对应关系和已知相机参数的两个相机的相对方位，重建三维点。

18) Tools-Legacy

(1) decode_1d_bar_code 一个条形码的顺序解码。

(2) decode_2d_bar_code 解码二维条形码数据。

(3) discrete_1d_bar_code 从元素宽度创建一个离散条形码。

(4) find_1d_bar_code 搜索一幅图像中的一个条形码。

(5) find_1d_bar_code_region 搜索一幅图像中的多个条形码。

(6) find_1d_bar_code_scanline 搜索一幅图像中的一个条形码。

(7) find_2d_bar_code 搜索可能包括一个二维条形码的区域。

(8) gen_1d_bar_code_descry 创建一个一维条形码的说明。

(9) gen_1d_bar_code_descr_gen 创建一个一维条形码的类属描述。

(10) gen_2d_bar_code_descry 创建一个二维条形码的类属描述。

(11) get_1d_bar_code 提取一个条形码中元素的宽度。

(12) get_1d_bar_code_scanline 提取一个条形码区域中元素的宽度。

(13) get_2d_bar_code 提取一个条形码区域(数据矩阵符号)中数据元素。

(14) get_2d_bar_code_pos 提取一个条形码区域(数据矩阵符号)中数据元素(在ECC200：“模块”中)的数值和它们在图像中的位置。

18. 数组算子 Tuple

数组(Tuple)是数据处理的基本单元之一，Halcon 提供了关于数组操作的数组算子。

1) Arithmetic

(1) tuple_abs 计算一个数组的绝对值。

(2) tuple_acos 计算一个数组的反余弦。

(3) tuple_add 两个数组相加。

(4) tuple_asin 计算一个数组的反余弦。

(5) tuple_atan 计算一个数组的反正切。

(6) tuple_atan2 计算一个数组四个象限的反正切。

(7) tuple_ceil 计算一个数组的上限函数。

(8) tuple_cos 计算一个数组的余弦。

(9) tuple_cosh 计算一个数组的双曲余弦。

(10) tuple_cumul 计算一个数组的累计和。

(11) tuple_deg 将一个数组从弧度转换为角度。

(12) tuple_div 将两个数组相除。

(13) tuple_exp 数组的指数运算。

(14) tuple_fabs 计算一个数组(例如浮点数)的绝对值。

(15) tuple_floor 计算一个数组的“地板函数”。

(16) tuple_fmod 计算两个数组浮点数相除的余数。

(17) tuple_ldexp 计算两个数组的返回长双精度指数函数。

(18) tuple_log 计算一个数组的自然对数。

(19) tuple_log10 计算一个数组底为 10 的对数。

(20) tuple_max2 计算两个数组的元素宽度的最大值。

(21) tuple_min2 计算两个数组的元素宽度的最小值。

(22) tuple_mod 计算两个数组整型数相除的余数。

(23) tuple_mult 两个数组相乘。

(24) tuple_neg 将一个数组取反。

(25) tuple_pow 计算两个数组的冥函数。

(26) tuple_rad 将一个数组从角度转换为弧度。

(27) tuple_sgn 计算一个数组的正负。

(28) tuple_sin 计算一个数组的正弦。

(29) tuple_sinh 计算一个数组的双曲正弦。

(30) tuple_sqrt 计算一个数组的平方根(二次方根)。

(31) tuple_sub 两个数组相减。

(32) tuple_tan 计算一个数组的正切。

(33) tuple_tanh 计算一个远足的双曲正切。

2) Bit-Operations

(1) tuple_band 计算两个数组的按位运算。

(2) tuple_bnot　两个数组逐位取逻辑非。

(3) tuple_bor　计算两个数组的按位运算。

(4) tuple_bxor　两个数组逐位进行互斥逻辑或运算。

(5) tuple_lsh　数组逐位左移。

(6) tuple_rsh　数组逐位右移。

3) Comparison

(1) tuple_equal　测试两个数组是否相同。

(2) tuple_reater　测试一个数组是否大于另一个数组。

(3) tuple_greater_equal　测试一个数组是否大于等于另一个数组。

(4) tuple_less　测试一个数组是否小于另一个数组。

(5) tuple_less_equal　测试一个数组是否小于等于另一个数组。

(6) tuple_not_equal　测试两个数组是不是不等。

4) Conversion

(1) tuple_chr　根据 ASCII 码将整型数组转换为字符串。

(2) tuple_chrt　根据 ASCII 码将整型数组转换为字符串。

(3) tuple_int　将一个数组转换为一个整型数组。

(4) tuple_is_number　检测一个字符串数组是否表示数字。

(5) tuple_number　将一个字符串数组转换为一个数字数组。

(6) tuple_ord　将长度为 1 的字符串的数组转换为它们相应的 ASCII 码数组。

(7) tuple_ords　将一个字符串的数组转换为它们相应的 ASCII 码的数组。

(8) tuple_real　将一个数组转换为一个浮点数的数组。

(9) tuple_round　将一个数组转换为一个整型数的数组。

(10) tuple_string　将一个数组转换为一个字符串数组。

5) Creation

(1) tuple_concat　合并两个数组为一个新的。

(2) tuple_gen_const　创建一个特殊长度的数组和初始化它的元素。

(3) tuple_rand　返回任意值为 0 或 1 的数组。

6) Element-Order

(1) tuple_inverse　将一个数组反置(反转)。

(2) tuple_sort　按照升序分类(排列)数组的元素。

(3) tuple_sort_index　将数组的元素分类并返回分类数组的目录。

7) Features

(1) tuple_deviation　返回一个数组元素的标准差。

(2) tuple_length　返回一个数组元素数目。

(3) tuple_max　返回一个数组的最大元素。

(4) tuple_mean　返回一定数量数组的平均值。

(5) tuple_median　返回一个数组元素的中值。

(6) tuple_min 返回一个数组的最小元素。

(7) tuple_sum 返回一个数组所有元素的和。

8) Logical-Operations

(1) tuple_and 两个数组的逻辑与。

(2) tuple_not 两个数组的逻辑非。

(3) tuple_or 两个数组的逻辑或。

(4) tuple_xor 两个数组的逻辑互斥或。

9) Selection

(1) tuple_find 返回一个数组所有出现的符号，同时位于另一个数组内。

(2) tuple_first_n 选取一个数组的第一个元素。

(3) tuple_last_n 选择从符号“n”开始到数组末尾的所有元素。

(4) tuple_remove 从一个数组中移出元素。

(5) tuple_select 选择一个数组中单一元素。

(6) tuple_select_range 选择一个数组中的一些元素。

(7) tuple_select_rank 选择一个数组中序号为 n 的元素。

(8) tuple_str_bit_select 选择一个数组中单一符号或位。

(9) tuple_uniq 丢弃数组中除成功归类的元素外的所有元素。

10) String-Operators

(1) tuple_environment 读取一个或多个环境变量。

(2) tuple_regexp_match 利用公式提取子链。

(3) tuple_regexp_replace 用有规律的公式代替一个子链。

(4) tuple_regexp_select 选择符合公式的数组元素。

(5) tuple_regexp _test 测试一个字符串是否满足一个规则公式的要求。

(6) tuple_split 在预定义的独立字符间将字符串分离为子链。

(7) tuple_str_first_n 分割从第一个字符直到字符串数组外的位置“n”处。

(8) tuple_str_last_n 从字符串数组外位置“n”处开始分割所有的字符。

(9) tuple_strchr 前向搜索一个位于字符串数组内的字符。

(10) tuple_strlen 字符串数组中每个字符串的长度。

(11) tuple_strrchr 后向搜索一个位于字符串数组内的字符。

(12) tuple_strrstr 后向搜索一个位于字符串数组内的字符串。

(13) tuple_strstr 前向搜索一个位于字符串数组内的字符串。

19. 图型变量算子(Extend Line Descriptions, XLD)

XLD(Extended Line Descriptions)是扩展的线性描述，它不是基于像素的，人们称它是亚像素，比像素更精确，可以精确到像素内部的一种描述，因此，XLD 代表亚像素级别的轮廓或者多边形，Halcon 提供了 XLD 算子。

1) Access

(1) get_contour_xld 返回 XLD 轮廓的坐标。

(2) get_lines_xld　返回一个 XLD 多边形数据。

(3) get_parallels_xld　返回一个 XLD 并行数据。

(4) get_polygon_xld　返回一个 XLD 多边形数据。

2) Creation

(1) gen_contour_nurbs_xld　将一个 NURBS 曲线转换为一个 XLD 轮廓。

(2) gen_contour_polygon_rounded_xld　根据一个多边形(以数组形式给出)的圆形角点创建一个 XLD 轮廓。

(3) gen_contour_polygon_xld　根据一个多边形(以数组形式给出)创建一个 XLD 轮廓。

(4) gen_contour_region_xld　根据区域创建 XLD 轮廓。

(5) gen_contours_skeleton_xld　将框架转换为 XLD 轮廓。

(6) gen_cross_contour_xld　根据每个输入点交叉的形状创建一个 XLD 轮廓。

(7) gen_ellipse_contour_xld　根据相应的椭圆弧创建一个 XLD 轮廓。

(8) gen_parallels_xld　提取并行 XLD 多边形。

(9) gen_polygons_xld　根据多边形近似创建 XLD 轮廓。

(10) gen_rectangle2_contour_xld　创建一个矩形 XLD 轮廓。

(11) mod_parallels_xld　提取一个包括同质区域的并行 XLD 多边形。

3) Features

(1) area_center_points_xld　被看做点云的轮廓和多边形的面积和重心。

(2) area_center_xld　轮廓和多边形的面积和重心。

(3) circularity_xld　影响轮廓或多边形圆度(与圆相近的程度)的形状系数。

(4) compactness_xld　影响轮廓或多边形致密性的形状系数。

(5) contour_point_num_xld　返回一个 XLD 轮廓中点的数目。

(6) convexity_xld　影响轮廓或多边形凹凸性的形状系数。

(7) diameter_xld　两个轮廓或多边形点间的最大距离。

(8) dist_ellipse_contour_points_xld　计算所有轮廓内的点到一个椭圆的距离。

(9) dist_ellipse_contour_xld　轮廓到一个椭圆的距离。

(10) dist_rectangle2_contour_points_xld　计算所有轮廓内的点到一个矩形的距离。

(11) eccentricity_points_xld　被看做点云的轮廓或多边形的 Anisometry。

(12) eccentricity_xld　源自轮廓或多边形的椭圆参数的形状系数。

(13) elliptic_axis_points_xld　被看做点云的轮廓或多边形的等价椭圆参数。

(14) elliptic_axis_xld　轮廓或多变形的等价椭圆参数。

(15) fit_circle_contour_xld　根据圆周近似获取 XLD 轮廓。

(16) fit_ellipse_contour_xld　根据椭圆或椭圆弧近似获取 XLD 轮廓。

(17) fit_line_contour_xld　根据分割线近似获取 XLD 轮廓。

(18) fit_rectangle2_contour_xld　用矩形来匹配 XLD 轮廓。

(19) get_contour_angle_xld　为每个轮廓点计算一个 XLD 轮廓方向。

(20) get_contour_attrib_xld　返回一个 XLD 轮廓的点的特征值。

(21) get_contour_global_attrib_xld　返回一个 XLD 轮廓的全局特征值。
(22) get_regress_params_xld　返回 XLD 轮廓参数。
(23) info_parallels_xld　返回被 XLD 多边形包围的区域的灰度值的信息。
(24) length_xld　轮廓或多边形的长度。
(25) local_max_contours_xld　选择局域最大灰度值的 XLD 轮廓。
(26) max_parallels_xld　合并具有相同多边形的 XLD。
(27) moments_any_points_xld　被看做点云的轮廓或多边形的任意几何时刻。
(28) moments_any_xld　轮廓或多边形的任意几何时刻。
(29) moments_points_xld　被看做点云的轮廓或多边形的几何时刻 M20、M02 和 M11。
(30) moments_xld　轮廓或多边形的几何时刻 M20、M02 和 M11。
(31) orientation_points_xld　被看做点云的轮廓或多边形的方向。
(32) orientation _xld　轮廓或多边形的方向。
(33) query_contour_attribs_xld　返回一个 XLD 轮廓定义的属性的名字。
(34) query_contour_global_attribs_xld　返回一个 XLD 轮廓定义的全局属性的名字。
(35) select_contours_xld　根据一些特征选择 XLD 轮廓。
(36) select_shape_xld　根据形状特征选择轮廓或多边形。
(37) select_xld_point　选择包括给定点在内的所有的轮廓或多边形。
(38) smallest_circle_xld　轮廓或多边形的最小封闭圆。
(39) smallest_rectangle1_xld　平行于轮廓或多边形的坐标轴的最小封闭矩形。
(40) smallest_rectangle2_xld　轮廓或多边形任意方向的最小封闭矩形。
(41) test_self_intersection_xld　测试轮廓或多边形自身相交性。
(42) test_xld_point　测试一个或多个包括给定点在内的轮廓或多边形。

4) Geometric-Transformations

(1) affine_trans_contour_xld　对 XLD 轮廓进行一个任意二维仿射变换。
(2) affine_trans_polygon _xld　对 XLD 多边形进行一个任意仿射变换。
(3) gen_parallel_contour_xld　计算一个 XLD 轮廓的平行轮廓。
(4) polar_trans_contour_xld　将一个环状弧中的轮廓转换为极坐标形式。
(5) polar_trans_contour_xld_inv　将极坐标下的轮廓转换为笛卡尔坐标下的形式。
(6) projective_trans_ontour_xld　对一个 XLD 轮廓进行射影变换。

5) Sets

(1) difference_closed_contours_xld　闭合轮廓的差异。
(2) difference _closed _polygons _xld　闭合多边形的差异。
(3) intersection_closed_contours_xld　闭合轮廓的交集。
(4) intersection_closed_polygons_xld　闭合多边形的交集。
(5) symm_difference_closed_contours_xld　闭合轮廓的对称差异。
(6) symm_difference_closed_polygons_xld　闭合多边形的对称差异。
(7) union2_closed_contours_xld　闭合轮廓的并集。
(8) union2_closed_polygons_xld　闭合多边形的并集。

6) Transformation

(1) add_noise_white_contour_xld　向 XLD 轮廓中加入噪声。

(2) clip_contours_xld　修剪一个 XLD 轮廓。

(3) close_contours_xld　关闭一个 XLD 轮廓。

(4) combine_roads_xld　合并两个等级分辨率中的路(road)。

(5) crop_contours_xld　切割一个 XLD 轮廓。

(6) merge_cont _line_scan_xld　合并连续线，扫描图像中的 XLD 轮廓。

(7) regress_contours_xld　计算一个 XLD 轮廓回归线的参数。

(8) segment_contours_xld　将 XLD 轮廓分割为分割线和圆周或椭圆弧。

(9) shape_trans_xld　改变轮廓或多边形的形状。

(10) smooth_contours_xld　平滑 XLD 的轮廓。

(11) sort_contours_xld　根据相关位置分类轮廓。

(12) split_contours _xld　在主要点分割 XLD 轮廓。

(13) union_adjacent_contours_xld　合并终点连接在一起的轮廓。

(14) union_cocircular_contours_xld　合并属于同一个圆周的轮廓。

(15) union_collinear_contours_ext_xld　合并位于同一条直线上的轮廓(由附加函数操作)。

(16) union _collinear _contours _xld　合并位于同一条直线上的轮廓。

(17) union_straight_contours_histo_xld　合并到给定线有相似距离的相邻直线轮廓。

(18) union_straight_contours_xld　合并具有相似方向的相邻直线轮廓。

参 考 文 献

[1] 黄群慧，贺俊. 中国制造业的核心能力、功能定位与发展战略：兼评《中国制造 2025》[J]. 中国工业经济，2015，1(06)：5-17.

[2] 赵福全，刘宗巍. 工业 4.0 浪潮下中国制造业转型策略研究[J]. 中国科技论坛，2016(01)：58-62.

[3] 秦亚航，苏建欢，余荣川. 机器视觉技术的发展及其应用[J]. 科技视界，2016，12(25)：153-154.

[4] 伯特霍尔德·霍恩. 机器视觉[M]. 王亮，蒋欣兰，译. 北京：中国青年出版社，2014.

[5] 余文勇，石绘. 机器视觉自动检测技术[M]. 北京：化学工业出版社，2013.

[6] 巢渊. 基于机器视觉的半导体芯片表面缺陷在线检测关键技术研究[D]. 南京：东南大学，2017.

[7] 沈浩玉，汪王照. 机器视觉系统在汽车制造行业的应用[J]. 设备管理与维修，2016，1(9)：20-25.

[8] 王烨青，杨永跃. 机器视觉在流水线条形码识别中的应用[J]. 电子测量与仪器学报，2006，20(6)：102-104.

[9] 滕悦，徐少川. 机器视觉技术在机械制造自动化中的应用[J]. 科技与创新，2017，1(21)：143-147.

[10] 张国福，沈洪艳. 机器视觉技术在工业检测中的应用综述[J]. 电子技术与软件工程，2013，23(22)：111-116.

[11] 王耀南，陈铁健，贺振东，等. 智能制造装备视觉检测控制方法综述[J]. 控制理论与应用，2015，32(03)：273-286.

[12] 张铖伟，王彪，徐贵力. 摄像机标定方法研究片[J]. 计算机技术与发展，2010，20(11)：174-179.

[13] 陈洋，张林. 工业视觉检测系统及应用[J]. 科技展望，2015，25(16)：119-121.

[14] 龚爱平. 基于嵌入式机器视觉的信息采集与处理技术研究[D]. 杭州：浙江大学，2013.

[15] 孙长胜，吴云峰，张传义，等. 智能相机发展及其关键技术[J]. 电子设计工程，2010，18(11)：175-177.

[16] 周志良. 光场成像技术研究[M]. 合肥：中国科学技术大学出版社，2010.

[17] 郁道银，谈恒英. 工程光学[M]. 北京：机械工业出版社，2006.

[18] 张巧芬，高健. 机器视觉中照明技术的研究进展[J]. 照明工程学报，2011，22(2)：31-36.

[19] Gustafsson M. G. L. Surpassing the lateral resolution limit by a factor of two using structured illumination microscopy[J]. Journal of Microscopy-oxford，2000，198 (Part 2)：82-87.

[20] 冯伟，张启灿. 基于结构光投影的薄膜振动模式分析[J]. 激光技术，2015，39(4)：446-449.

[21] ZHANG Q C. Technical study of three-dimensional shape measurementfor dynamic process[D]. Chengdu：Sichuan University，2005：44-45

[22] 申晓彦，王鉴. 用于视觉检测的光源照明系统分析[J]. 灯与照明，2009，33(3)：7-9.

[23] Hsien-Huang P. Wu，Jing-Guang Yang，Ming-Mao Hsu，etc. Automatic measurement and grading of LED dies on wafer by machine vision， Proceedings of International Conference on Mechatronics Kumamoto Japan，2007：8-10.

[24] 李俊. 机器视觉照明光源关键技术研究[D]. 天津：天津理工大学，2006.

[25] 周中雨. 工业相机在发动机装配线的应用分析[J]. 装备制造技术，2015，1(6)：146-148.

[26] 陈民豪. 面阵相机在 LED 显示屏测量中的应用研究[D]. 西安：西安电子科技大学，2010.

[27] 张登臣. 实用光学设计方法与现代光学系统[M]. 北京：机械工业出版社，1995.

[28] 罗潇磊. 基于 GigE 接口的轻小型相机研究[D]. 北京：中国科学院大学，2016.

[29] 张友亮，刘志军，马成海，等. 万兆以太网 MAC 层控制器的 FPGA 设计实现[J]. 计算机工程与应用，2012，48(6)：77-79.

[30] 隋延林，何斌，张立国，等. 基于 FPGA 的超高速 Cameralink 图像传输[J]. 吉林大学学报(工学版)，2017，47(5)：1634-1643.

[31] 明日科技. C#项目开发实战入门(全彩版)[M]. 长春：吉林大学出版社，2017.

[32] 刘国华. Halcon 数字图像处理[M]. 西安：西安电子科技大学出版社，2018.

[33] 望熙荣，望熙贵. OpenCV 和 Visual Studio 图像识别应用开发[M]. 北京：人民邮电出版社，2015.